建筑工程施工现场专业人员
上岗必读丛书

ANQUANYUAN BIDU

安全员必读

主编　吴国锋

参编　余　辉　陈艳华

中国电力出版社
CHINA ELECTRIC POWER PRESS

内 容 提 要

　　本书是根据《建筑与市政工程施工现场专业人员职业标准》（JGJ/T 250—2011）中关于安全员岗位技能要求，结合现场施工技术与管理实际工作需要来编写的。本书内容主要包括安全员岗位涵盖的项目安全策划、资源环境安全检查、施工作业安全管理、安全事故处理、施工安全资料管理等。

　　本书内容全面，技术先进，易学易懂，是安全员岗位必备的技术手册，也适合作为岗前、岗中培训与学习教材使用。

图书在版编目（CIP）数据

安全员必读/吴国锋主编. —2 版. —北京：中国电力出版社，2017.7（2022.8 重印）
（建筑工程施工现场专业人员上岗必读丛书）
ISBN 978 - 7 - 5198 - 0612 - 5

Ⅰ.①安… Ⅱ.①吴… Ⅲ.①建筑工程－工程施工－安全技术－基本知识
Ⅳ.①TU714

中国版本图书馆 CIP 数据核字（2017）第 073123 号

出版发行：中国电力出版社
地　　址：北京市东城区北京站西街 19 号（邮政编码 100005）
网　　址：http://www.cepp.sgcc.com.cn
责任编辑：周娟华 010 - 63412601
责任校对：太兴华
装帧设计：张俊霞
责任印制：杨晓东

印　　刷：北京雁林吉兆印刷有限公司
版　　次：2013 年 3 月第一版　2017 年 7 月第二版
印　　次：2022 年 8 月北京第六次印刷
开　　本：710 毫米×1000 毫米　16 开本
印　　张：14.5
字　　数：252 千字
定　　价：45.00 元

前　言

　　建筑工程施工现场专业技术管理人员队伍的素质，是影响工程质量和安全的关键因素。《建筑与市政工程施工现场专业人员职业标准》（JGJ/T 250—2011）的颁布实施，对建设行业开展关键岗位培训考核和持证上岗工作，对于提高建筑从业人员的专业技术水平、管理水平和职业素养，促进施工现场规范化管理，保证工程质量和安全，推动行业发展和进步发挥了重要作用。

　　为了更好地贯彻落实《建筑与市政工程施工现场专业人员职业标准》（JGJ/T 250—2011）和 2015 年最新颁布的《建筑业企业资质管理规定》（中华人民共和国住房和城乡建设部令第 22 号）等法规文件要求，不断加强建筑与市政工程施工现场专业人员队伍建设，全面提升专业技术管理人员的专业技能和现场实际工作能力，推动建设科技的工程应用，完善和提高工程建设现代化管理水平，我们组织编写了这套专业技术人员上岗必读丛书，旨在从岗前培训考核到实际工程现场施工应用中，为工程专业技术人员提供全面、系统、最新的专业技术与管理知识及岗位操作技能等，满足现场施工实际工作需要。

　　本丛书主要依据建筑工程现场施工中各专业技术管理人员的实际工作技能和岗位要求，按照职业标准针对各岗位工作职责、专业知识、专业技能等相关规定，遵循"易学、易查、易懂、易掌握、能现场应用"的原则，把各专业人员岗位实际工作项目和具体工作要点精心提炼，使岗位工作技能体系更加系统、实用与合理。丛书重点突出、层次清晰，极大地满足了技术管理工作和现场施工应用的需要。

　　本书内容包括安全员岗位涵盖的项目安全策划、资源环境安全检查、施工作业安全管理、安全事故处理、施工安全资料管理等。本书内容丰富、全面、实用，技术先进，适合作为安全员岗前培训教材，也是安全员施工现场工作必备的技术手册，同时还可作为大中专院校土木工程专业教材以及工人培训教材应用。

由于时间仓促和能力有限，本书难免有谬误之处和不完善的地方，敬请读者批评指正，以期通过不断的修订与完善，使本丛书能真正成为工程技术人员岗位工作的必备助手。

编　者

2017 年 3 月　北京

第一版前言

国家最新颁布实施的建设行业标准《建筑与市政工程施工现场专业人员职业标准》（JGJ/T 250—2011），为科学、合理地规范工程建设行业专业技术管理人员的岗位工作标准及要求提供了依据，对全面提高专业技术管理人员的工程管理和技术水平、不断完善建设工程项目管理水平及体系建设，加强科学施工与工程管理，确保工程质量和安全生产将起到很大的促进作用。

随着建设事业的不断发展、建设科技的日新月异，对于工程建设技术管理人员的要求也不断变化和提高，为更好地贯彻和落实国家及行业标准对于工程技术人员岗位工作及素质要求，促进建设科技的工程应用，完善和提高工程建设现代化管理水平，我们组织编写了这套《建筑工程施工现场专业人员上岗必读丛书》，旨在为工程专业技术人员岗位工作提供全面、系统的技术知识与解决现场施工实际工作中的需要。

本丛书主要根据建筑工程施工中各专业岗位在现场施工的实际工作内容和具体需要，结合岗位职业标准和考核大纲的标准，充分贯彻国家行业标准《建筑与市政工程施工现场专业人员职业标准》（JGJ/T 250—2011）有关工程技术人员岗位"工作职责""应具备的专业知识""应具备的专业技能"三个方面的素质要求，以岗位必备的管理知识、专业技术知识为重点，注重理论结合实际；以不断加强和提升工程技术人员职业素养为前提，深入贯彻国家、行业和地方现行工程技术标准、规范、规程及法规文件要求；以突出工程技术人员施工现场岗位管理工作为重点，满足技术管理需要和实际施工应用，力求做到岗位管理知识及专业技术知识的系统性、完整性、先进性和实用性来编写。

本丛书在工程技术人员工程管理和现场施工工作需要的基础上，充分考虑能兼顾不同素质技术人员、各种工程施工现场实际情况不同等多种因素，并结合专业技术人员个人不断成长的知识需要，针对各岗位专业技术人员管理工作的重点不同，分别从岗位管理工作与实务知识要求、工程现场实际技术工作重点、新技术应用等不同角度出发，力求在既不断提高各岗位技术人员工程管理水平的同时，又能不断加强工程现场施工管理，保证工程质量、安全。

本书内容涵盖了安全员岗位专业知识，施工安全管理策划与措施，危险性较大分项工程施工安全技术，建筑施工安全操作技术，施工机械操作安全技术，施工临时用电安全技术，施工现场安全管理与文明施工，建筑施工安全检查，建筑施工安全教育培训，建筑施工安全资料管理，施工安全事故与处理等，力求使安全员岗位管理工作更加科学化、系统化、规范化，并确保新技术的先进性和实用性、可操作性。

由于时间仓促和能力有限，本书难免有谬误之处和不完善的地方，敬请读者批评指正，以期通过不断的修订与完善，使本系列丛书能真正成为工程技术人员岗位工作的必备助手。

编　者

目　录

第一章

施工安全知识及现场管理要点

一、建筑施工安全生产基本条件

1. 建筑施工企业《安全生产许可证》

建筑施工企业进行建筑施工活动前，必须取得《安全生产许可证》。为取得《安全生产许可证》，企业应按照相关要求，如实提供以下方面的材料。

（1）《建筑施工企业安全生产许可证申请表》。

（2）企业法人营业执照复印件。

（3）安全生产管理制度。安全生产管理责任制和安全生产规章制度文件及操作规程目录。

1）安全生产责任制文件（应根据本企业机构设置情况制定，可参照下列岗位设定）。

①企业各级人员安全生产责任制。法定代表人、经理、安全生产副经理、总工、总会计师、项目经理、工长、技术员、工程质检员、安全员、班组长等。

②企业各职能部门安全生产责任制。生产计划部门、技术质量部门、安全部门、设备部门、劳动部门、教育部门、保卫消防部门、材料部门、财务部门、行政卫生部门等。

2）安全生产规章制度文件。

①安全生产教育和培训制度。

②安全检查制度。

③安全生产事故报告及处理制度等。

（4）操作规程。本企业事故主要工种的《安全生产操作规程》目录。

（5）安全生产资金保障制度。

（6）安全生产管理机构。企业设置安全生产管理机构的文件；专职安全生产管理人员配置规定的文件（包括安全管理机构负责人的任命书）。

（7）安全培训及考核。本企业管理人员和作业人员的年度安全培训计划，并将本年度安全考核情况填入本企业管理人员考核情况汇总表。

（8）依法参加工伤保险、工程意外伤害保险。提供本企业人员（含合同工、临时工）的"市缴纳工伤保险协议书"、工程意外伤害保险凭证的复印件。

（9）塔式起重机检测记录。本企业自有塔式起重机检测的汇总表。

（10）职业病危害防护措施。防护措施包括：

1）作业场所防护措施。

2）个人防护措施。

3）安全检查措施。针对本企业施工特点，对可能导致的职业病制定相应的防治措施。例如，由防水作业和地下管道有毒气体作业引起的职业中毒、水泥粉尘在封闭环境及电焊作业引起的尘肺等。

（11）重大危险源控制措施。根据本企业特点详细列出危险性较大部分分项工程及施工现场易发生重大事故的部位、环节的预防监控措施。

（12）生产安全事故应急救援预案。提供公司级的应急救援预案。预案包括：应急救援组织机构与职责；突发生产安全事故的报告与应急救援的启动程序；应急救援组织人员名单；应急救援的器材、设备等。

企业取得《安全生产许可证》后，不得降低安全生产条件，不得转让《安全生产许可证》，并应当加强日常安全生产管理，接受建设行政主管部门的监督和管理。

《安全生产许可证》有效期为 3 年，《安全生产许可证》有效期满需要延期的，企业应于期满前 3 个月向原《安全生产许可证》颁发管理机关办理延期手续；已经取得《安全生产许可证》的建筑施工企业名称、地址、法定代表人发生变更，应自取得新的企业法人营业执照之日起 10 个工作日内提出申请，持原《安全生产许可证》和变更后的工商营业执照、变更批准文件等相关证明材料，到省、市建委办理《安全生产许可证》变更手续；已经取得《安全生产许可证》的建筑施工企业改制、合并、分立，应自取得新的企业法人营业执照之日起 10 个工作日内将原《安全生产许可证》交回省、市建委，并重新按有关规定申请《建筑施工企业安全生产许可证》。

外地建筑施工企业进入本地施工除必须具备《安全生产许可证》外，还须履行相关备案手续，并提交以下申报材料：

1）出省施工介绍信（省级建设行政主管部门出具）；

2）企业法人营业执照（副本），企业资质证书（副本），《安全生产许可证》

（副本）；

3）发包单位的发包意向文件或招标公告、投标邀请书；

4）技术负责人、本地技术负责人的职称证等材料；

5）企业组织机构代码证（副本原件）；

6）提供在银行设立的企业工作保证金专用账户和农民工工资专用账户的相关凭证；

7）劳务分包企业须提供作业人员构成、人数、安全培训信息以及持证资格等状况并与企业所在地资质管理部门进行核对认证，办理好人员实名制卡；

8）提供由省建设行政主管部门出具的三年内无违法违章、拖欠行为的证明；

9）提交企业在本地经营场所的证明（一年期租房协议书或产权证明）；

10）对企业的法定代表人及在本地委扎代理人实行备案约谈制度。

2. 建筑施工企业管理人员《安全生产考核合格证书》

（1）建筑施工企业（包括劳务分包企业）主要负责人、项目负责人、专职安全生产管理人员必须经建设行政主管部门考核合格，取得《安全生产考核合格证书》后，方可担任相应职务。任何单位和个人不得伪造、转让、冒用建筑施工企业管理人员《安全生产考核合格证书》。

1）建筑施工企业（包括劳务分包企业）主要负责人，是指对本企业日常生产经营活动和安全生产工作全面负责、有生产经营决策权的人员，包括企业法定代表人、经理、企业分管安全生产工作的副经理等。合格证书为 A 本。

2）建筑施工企业项目负责人，是指由企业法定代表人授权，负责建设工程项目管理的负责人等。合格证书为 B 本。

3）建筑施工企业专职安全生产管理人员，是指在企业专职从事安全生产管理工作的人员，包括企业安全生产管理机构的负责人及其工作人员和施工现场专职安全生产管理人员。合格证书为 C 本。

4）建筑施工企业管理人员参加安全生产考核应具备以下条件。

①职业道德良好，身体健康，年龄不超过 60 周岁（法定代表人除外）。

②建筑施工企业的在职人员。

③学历和职称：

a. 建筑施工企业主要负责人应为大专以上学历，具有中级以上职称（法定代表人除外）；

b. 项目负责人应为中专以上学历，具有初级及以上职称；

c. 建筑施工企业专职安全生产管理人员应为中专以上学历，或具有五年以上安全管理工作经历。

④经企业年度安全生产教育培训考核合格。

⑤项目负责人和专职安全生产管理人员不得在两个以上（含两个）单位任职。

（2）建筑施工企业管理人员取得《安全生产考核合格证书》后，应当严格遵守安全生产法律法规，认真履行安全生产管理职责，接受企业年度安全生产教育培训和建设行政主管部门及安监机构的监督检查。

（3）建筑施工企业管理人员《安全生产考核合格证书》有效期为3年，有效期满需要延期的，应当于期满前3个月向原发证机关申请办理延期手续。变更姓名和所在法人单位等的，应在一个月内到原《安全生产考核合格证书》发证机关办理变更手续；建筑施工企业管理人员遗失《安全生产考核合格证书》，应在公共媒体上声明作废，并在一个月内到原《安全生产考核合格证书》发证机关办理补证手续。

（4）建筑施工企业管理人员同时兼任建筑施工企业负责人、项目负责人和专职安全生产管理人员中两个及两个以上岗位的，必须取得另一岗位的《安全生产考核合格证书》后，方可上岗。

二、建筑施工安全管理基本知识

1. 建立项目施工安全生产责任制

（1）安全生产责任制的核心。安全生产责任制是生产经营单位各项安全生产规章制度的核心，是生产经营单位行政岗位责任制和经济责任制度的重要组成部分，也是最基本的职业健康安全管理制度。安全生产责任制是按照"安全第一，预防为主"的安全生产方针和"管生产的同时必须管安全"的原则，将各级负责人员、各职能部门及其工作人员和各岗位生产工人在职业健康安全方面应做的事情和应负的责任加以明确规定的一种制度。

生产经营单位安全生产责任制的核心是实现安全生产的"五同时"，就是在计划、布置、检查、总结、评比生产工作的时候，同时计划、布置、检查、总结、评比安全工作。其内容大体可分为两个方面：一是纵向方面，各级人员（从最高管理者、管理者代表到一般职工）的安全生产责任制；二是横向方面，各职能部门（如安全、设备、技术、生产、基建、人事、财务、设计、档案、培训、宣传等部门）的安全生产责任制。

（2）建立安全生产责任制的要求。要建立起一个完善的生产经营单位安全生产责任制，需要达到如下要求：

1）建立的安全生产责任制必须符合国家安全生产法律法规和政策、方针的要求，并应适时修订。

2）建立的安全生产责任制体系要与生产经营单位管理体制协调一致。

3）制定安全生产责任制要根据本单位、部门、班组、岗位的实际情况，明确、具体，具有可操作性，防止形式主义。

4）制定、落实安全生产责任制要有专门的人员与机构来保障。

5）在建立安全生产责任制的同时，建立安全生产责任制的监督、检查等制度，特别要注意发挥职工群众的监督作用，以保证安全生产责任制得到真正落实。

2. 建立施工安全生产管理机构

安全生产管理机构是指建筑施工企业及其在建设工程项目中设置的负责安全生产管理工作的独立职能部门。

安全生产管理机构的职责主要包括：落实国家有关安全生产法律法规和标准，编制并适时更新安全生产管理制度，组织开展全员安全教育培训及安全检查等活动，及时整改各种事故隐患，监督安全生产责任制落实等。它是建筑业企业安全生产的重要组织保证。

每一个建筑业企业，都应当建立健全以企业法人为第一责任人的安全生产保证系统，都必须建立完善的安全生产管理机构。

（1）公司一级安全生产管理机构。公司应设立以法人为第一责任者分工负责的安全管理机构，根据本单位的施工规模及职工人数设置专职安全生产管理机构部门并配备专职安全员。根据规定，特级企业安全员配备不应少于 25 人，一级企业不应少于 15 人，二级企业不应少于 10 人，三级企业不应少于 5 人。建立安全生产领导小组，实行领导小组成员轮流进行安全生产值班制度。随时解决和处理生产中的安全问题。

（2）工程项目部安全生产管理机构。工程项目部是施工第一线的管理机构，必须依据工程特点，建立以项目经理为首的安全生产领导小组，小组成员由项目经理、项目技术负责人、专职安全员、施工员及各工种班组的领班组成。工程项目部应根据工程规模大小，配备专职安全员。建立安全生产领导小组成员轮流安全生产值日制度，解决和处理施工生产中的安全问题并进行巡回安全生产监督检查，并建立每周一次的安全生产例会制度和每日班前安全讲话制度。项目经理应亲自主持定期的安全生产例会，协调安全与生产之间的矛盾，督促检查班前安全讲话活动的活动记录。

项目施工现场必须建立安全生产值班制度。24小时分班作业时，每班都必须要有领导值班和安全管理人员在现场。做到只要有人作业，就有领导值班。值班领导应认真做好安全生产值班记录。

（3）生产班组安全生产管理。加强班组安全建设是安全生产管理的基础。每个生产班组都要设置不脱产的兼职安全员，协助班组长搞好班组的安全生产管理。班组要坚持班前班后岗位安全检查、安全值日和安全日活动制度，同时要做好班组的安全记录。

3. 保障施工安全生产投入

生产经营单位必须安排适当的资金，用于改善安全设施，更新安全技术装备、器材、仪器、仪表以及其他安全生产投入，以保证生产经营单位达到法律、法规、标准规定的安全生产条件，并对由于安全生产所必需的资金投入不足导致的后果承担责任。

安全生产投入资金具体由谁来保证，应根据企业的性质而定。一般来说，股份制企业、合资企业等安全生产投入资金由董事会予以保证；一般国有企业由厂长或者经理予以保证；个体工商户等个体经济组织由投资人予以保证。上述保证人承担由于安全生产所必需的资金投入不足而导致事故后果的法律责任。安全生产投入主要用于以下方面。

（1）建设安全技术措施工程，如防火工程、通风工程等。

（2）增设新安全设备、器材、装备、仪器、仪表等以及这些安全设备的日常维护。

（3）重大安全生产课题的研究。

（4）按照国家标准为职工配备劳动保护用品。

（5）职工的安全生产教育和培训。

（6）其他有关预防事故发生的安全技术措施费用，如用于制订及落实生产事故应急救援预案的费用等。

4. 制订施工安全技术措施计划

安全技术按照行业可分为矿山安全技术、煤矿安全技术、石油化工安全技术、冶金安全技术、建筑安全技术、水利水电安全技术、旅游安全技术等。

安全技术按照危险、有害因素的类别，可分为防火防爆安全技术、锅炉与压力容器安全技术、起重与机械安全技术、电气安全技术等。

安全技术按照导致事故的原因，可分为防止事故发生的安全技术、减少事故损失的安全技术等。

（1）防止事故发生的安全技术。防止事故发生的安全技术是指为了防止事故的发生，采取约束、限制能量或危险物质，防止其意外释放的技术措施。常用的防止事故发生的安全技术有消除危险源、限制能量或危险物质、隔离等。

1）消除危险源。消除系统中的危险源，可以从根本上防止事故的发生。但是，按照现代安全工程的观点，彻底消除所有危险源是不可能的。因此，人们往往将危险性较大、在现有技术条件下可以消除的危险源作为优先考虑的对象。可以通过选择合适的工艺、技术、设备、设施，合理的结构形式，选择无害、无毒或不能致人伤害的物料来彻底消除某种危险源。

2）限制能量或危险物质。限制能量或危险物质可以防止事故的发生，如减少能量或危险物质的量，防止能量蓄积，安全地释放能量等。

3）隔离。隔离是一种常用的控制能量或危险物质的安全技术措施。采取隔离技术，既可以防止事故的发生，也可以防止事故的扩大，减少事故的损失。

4）故障—安全设计。在系统、设备、设施的一部分发生故障或破坏的情况下，在一定时间内也能保证安全的技术措施称为故障—安全设计。通过设计，使得系统、设备、设施发生故障或事故时处于低能状态，防止能量的意外释放。

5）减少故障和失误。通过增加安全系数、增加可靠性或设置安全监控系统等来减轻物的不安全状态，减少物的故障或事故的发生。

（2）减少事故损失的安全技术。防止意外释放的能量对人的伤害或物的损坏，或减轻其对人的伤害或对物的破坏的技术称为减少事故损失的安全技术。该技术能在事故发生后，迅速控制局面，防止事故的扩大，避免引起二次事故的发生，从而减少事故造成的损失。常用的减少事故损失的安全技术有隔离、个体防护、设置薄弱环节、避难与救援等。

1）隔离。隔离是把被保护对象与意外释放的能量或危险物质等隔开。隔离措施按照被保护对象与可能致害对象的关系，可分为隔开、封闭和缓冲等。

2）个体防护。个体防护是把人体与意外释放能量或危险物质隔离开，是一种不得已的隔离措施，却是保护人身安全的最后一道防线。

3）设置薄弱环节。利用事先设计好的薄弱环节，使事故能量按照人们的意图释放，防止能量作用于被保护的人或物，如锅炉上的易熔塞、电路中的熔断器等。

4）避难与救援。设置避难场所，当事故发生时，人员暂时躲避，免遭伤害或赢得救援的时间。事先选择撤退路线，当事故发生时，人员按照撤退路线迅速撤离。事故发生后，组织有效的应急救援力量，实施迅速的救护，是减少事故人员伤亡和财产损失的有效措施。

此外，安全监控系统作为防止事故发生和减少事故损失的安全技术，是发现系统故障和异常的重要手段。安装安全监控系统，可以及早发现事故，获得事故发生、发展的数据，避免事故的发生或减少事故的损失。

5. 加强安全生产教育培训

（1）安全教育培训要求及规定。生产经营单位的安全教育工作是贯彻经营单位方针、目标，实现安全生产和文明生产，提高员工安全意识和安全素质，防止产生不安全行为，减少人为失误的重要途径。进行安全生产教育，首先要提高经营单位管理者及员工安全生产的责任感和自觉性，认真学习有关安全生产的法律、法规和安全生产基本知识；其次是普及和提高员工的安全技术知识，增强安全操作技能，从而保护自己和他人的安全与健康。《中华人民共和国安全生产法》对安全生产教育培训作出了明确的规定。原国家安全生产监督管理局的 2004 年第 20 号令《安全生产培训管理办法》等法律法规，也对各类人员的安全培训内容、培训时间、考核以及对安全培训机构的资质等作出了具体的规定。

（2）安全生产教育培训方法。安全教育培训方法与一般教学方法相同，形式多种多样，各有特点。在实际应用中，要根据培训内容和培训对象灵活选择。安全教育可采用讲授法、实际操作演练法、案例研讨法、读书指导法、宣传娱乐法等。

经常性安全培训教育的形式有每天在班前班后会上说明安全注意事项，安全活动日，安全生产会议，各类安全生产业务培训班，事故现场会，张贴安全生产招贴画、宣传标语及标志，安全文化知识竞赛等。

6. 做好安全生产与建设项目的"三同时"

建设项目"三同时"是指生产性基本建设项目中的劳动安全卫生设施必须符合国家规定的标准，必须与主体工程同时设计、同时施工、同时投入生产和使用，以确保建设项目竣工投产后，符合国家规定的劳动安全卫生标准，保障劳动者在生产过程中的安全与健康。

7. 严格施工安全生产检查

安全生产检查是指对生产过程及安全管理中可能存在的隐患、有害与危险因素、缺陷等进行查证，以确定隐患或有害与危险因素、缺陷的存在状态，以及它们转化为事故的条件，以便制定整改措施，消除隐患和有害与危险因素，确保生产的安全。

安全生产检查是安全管理工作的重要内容，是消除隐患、防止事故发生、改善劳动条件的重要手段。通过安全生产检查，可以发现生产经营单位生产过程中的危险因素，以便有计划地制定纠正措施，保证生产的安全。

（1）安全生产检查类型。包括定期安全生产检查、经常性安全生产检查、季节性及节假日前安全生产检查、专业（项）安全生产检查、综合性安全生产检查、不定期的职工代表巡视安全生产检查等。

（2）安全生产检查内容。安全检查对象的确定应本着突出重点的原则，对于危险性大、易发事故、事故危害大的生产系统、部位、装置、设备等应加强检查。一般应重点检查易造成重大损失的易燃易爆危险物品、剧毒品、锅炉、压力容器、起重设备、运输设备、冶炼设备、电气设备、冲压机械、高处作业和本企业易发生工伤、火灾、爆炸等事故的设备、工种、场所及其作业人员；造成职业中毒或职业病的尘毒点及其作业人员；直接管理重要危险点和有害点的部门及其负责人。

安全检查的内容包括软件系统和硬件系统，主要是查思想、查管理、查隐患、查整改、查事故处理。

（3）安全生产检查方法，包括常规检查、安全检查表法、仪器检查法等。

（4）安全检查工作程序。

1）安全检查准备。

①确定检查对象、目的、任务。

②查阅、掌握有关法规、标准、规程的要求。

③了解检查对象的工艺流程、生产情况以及可能出现危险、危害的情况。

④制订检查计划，安排检查内容、方法、步骤。

⑤编写安全检查表或检查提纲。

⑥准备必要的检测工具、仪器、书写表格或记录本。

⑦挑选和训练检查人员并进行必要的分工等。

2）实施安全检查。实施安全检查就是通过访谈、查阅文件和记录、现场观察、仪器测量的方式获取信息。

①访谈。通过与有关人员谈话来了解相关部门、岗位执行规章制度的情况。

②查阅文件和记录。检查设计文件、作业规程、安全措施、责任制度、操作规程等是否齐全，是否有效；查阅相应记录，判断上述文件是否被执行。

③现场观察。到作业现场寻找不安全因素、事故隐患、事故征兆等。

④仪器测量。利用一定的检测检验仪器设备，对在用的设施、设备、器材状况及作业环境条件等进行测量，以发现隐患。

3）通过分析作出判断。掌握情况（获得信息）之后，就要进行分析、判断和检验。可凭经验、技能进行分析、判断，必要时可以通过仪器检验得出正确结论。

4）及时作出决定进行处理。做出判断后，应针对存在的问题做出采取措施的决定，即下达隐患整改意见和要求，包括要求进行信息的反馈。

5）整改落实。通过复查整改落实情况，获得整改效果的信息，以实现安全检查工作的闭环控制。

8. 落实劳动防护用品

《中华人民共和国安全生产法》第三十七条规定："生产经营单位必须为从业人员提供符合国家标准或者行业标准的劳动防护用品，并监督、教育从业人员按照使用规则佩戴、使用。"

《中华人民共和国职业病防治法》规定："用人单位必须为劳动者提供个人使用的职业病防护用品。"劳动防护用品是指在劳动过程中能够对劳动者的人身起保护作用，使劳动者免遭或减轻各种人身伤害或职业危害的各种用品。使用劳动防护用品，是保障从业人员人身安全与健康的重要措施，也是保障生产经营单位安全生产的基础。

（1）劳动防护用品分类。劳动防护用品种类很多，从劳动卫生学角度，通常按防护部位分类：

1）头部防护用品。为防御头部不受外来物体打击和其他因素危害配备的个人防护装备，如一般防护帽、防尘帽、防水帽、安全帽、防寒帽、防静电帽、防高温帽、防电磁辐射帽、防昆虫帽等。

2）呼吸器官防护用品。为防御有害气体、蒸汽、粉尘、烟、雾由呼吸道吸入，或直接向使用者供氧或清净空气，保证尘、毒污染或缺氧环境中作业人员正常呼吸的防护用具，如防尘口罩（面具）、防毒口罩（面具）等。

3）眼面部防护用品。预防烟雾、尘粒、金属火花和飞屑、热、电磁辐射、激光、化学飞溅等伤害眼睛或面部的个人防护用品，如焊接护目镜和面罩、炉窑护目镜和面罩以及防冲击眼护具等。

4）听觉器官防护用品。能够防止过量的声能侵入外耳道，使人耳避免噪声的过度刺激，减少听力损失，预防由噪声对人身引起的不良影响的个体防护用品，如耳塞、耳罩、防噪声头盔等。

5) 手部防护用品。保护手和手臂，供作业者劳动时戴用的手套（劳动防护手套），如一般防护手套、防水手套、防寒手套、防毒手套、防静电手套、防高温手套、防X射线手套、防酸碱手套、防油手套、防振手套、防切割手套、绝缘手套等。

6) 足部防护用品。防止生产过程中有害物质和能量损伤劳动者足部的护具，通常人们称劳动防护鞋，如防尘鞋、防水鞋、防寒鞋、防静电鞋、防高温鞋、防酸碱鞋、防油鞋、防烫脚鞋、防滑鞋、防刺穿鞋、电绝缘鞋、防震鞋等。

7) 躯干防护用品。即通常讲的防护服，如一般防护服、防水服、防寒服、防砸背心、防毒服、阻燃服、防静电服、防高温服、防电磁辐射服、耐酸碱服、防油服、水上救生衣、防昆虫服、防风沙服等。

8) 护肤用品。指用于防止皮肤（主要是面、手等外露部分）免受化学、物理等因素的危害的用品，如防毒、防腐、防射线、防油漆的护肤品等。

9) 防坠落用品。防止人体从高处坠落，通过绳带，将高处作业者的身体系接于固定物体上，或在作业场所的边沿下方张网，以防不慎坠落，如安全带、安全网等。劳动防护用品也可按照用途分类。以防止伤亡事故为目的可分为防坠落用品、防冲击用品、防触电用品、防机械外伤用品、防酸碱用品、耐油用品、防水用品、防寒用品；以预防职业病为目的可分为防尘用品、防毒用品、防放射性用品、防热辐射用品、防噪声用品等。

(2) 劳动防护用品正确使用方法。使用劳动防护用品的一般要求如下：

1) 劳动防护用品使用前应首先做一次外观检查。检查的目的是认定用品对有害因素防护效能的程度，用品外观有无缺陷或损坏，各部件组装是否严密，启动是否灵活等。

2) 劳动防护用品的使用必须在其性能范围内，不得超极限使用；不得使用未经国家指定、经监测部门认可（国家标准）和检测达不到标准的产品；不能随便代替，更不能以次充好。

3) 严格按照使用说明书正确使用劳动防护用品。

三、现场施工"不安全状态"和"不安全行为"

1. 现场施工"不安全状态"

(1) 防护、保险、信号等装置缺乏或有缺陷。

1) 无防护。①无防护罩；②无安全保险装置；③无报警装置；④无安全标志；⑤无防护栏或防护栏损坏；⑥电气设备未接地；⑦绝缘不良；⑧风扇无消声系统、噪声大；⑨危房内作业；⑩未安装防止"跑车"的挡车器或挡车栏；⑪其他。

2）防护不当。①防护罩未在适当位置；②防护装置调整不当；③坑道掘进、隧道开凿支撑不当；④防爆装置不当；⑤采伐、集体作业安全距离不够；⑥放炮作业隐蔽所有缺陷；⑦电气装置带电部分裸露；⑧其他。

（2）设备、设施、工具、附件有缺陷。

1）设计不当、结构不符合安全要求。①通道门遮挡视线；②制动装置有欠缺；③安全间距不够；④挡车网有欠缺；⑤工件有锋利毛刺、毛边；⑥设施上有锋利倒棱；⑦其他。

2）强度不够。①机械强度不够；②绝缘强度不够；③起吊重物的绳索不符合安全要求；④其他。

3）设备在非正常状态下运行。①设备带病运转；②超负荷运转；③其他。

4）维修、调整不当。①设备失修；②地面不平；③保养不当、设备失灵；④其他。

（3）个人防护用品用具缺少或有缺陷。防护服、手套、护目镜及面罩、呼吸器官护具、听力护具、安全带、安全帽、安全鞋等缺少或有缺陷。

1）无个人防护用品、用具。

2）所用防护用品、用具不符合安全要求。

（4）生产（施工）场地环境不良。

1）照明光线不良。①照度不足；②作业场地烟雾灰尘弥漫视物不清；③光线过强。

2）通风不良。①无通风；②通风系统效率低；③供电线路短路；④有限空间停电停风作业；⑤其他。

3）作业场所狭窄。

4）作业场地杂乱。①工具、制品、材料堆放不安全；②采伐时，未安全开道；③迎门树、坐殿树、搭挂树未做处理；④其他。

5）交通线路的配置不安全。

6）操作工序设计或配置不安全。

7）地面滑。①地面有油或其他液体；②冰雪覆盖；③地面有其他易滑物。

8）储存方法不安全。

9）环境温度、适度不当。

2. 现场施工"不安全行为"

(1) 操作错误、忽视安全、忽视警告。①未经许可开动、关停、移动机器；②开动、关停机器时未给信号；③开关未锁紧，造成意外移动、通电或漏电等；④忘记关闭设备；⑤忽视警告标记、警告信号；⑥操作错误（指按钮、阀门、扳手、把柄等的操作）；⑦奔跑作业；⑧供料或送料速度过快；⑨机器超速运转；⑩违章驾驶机动车；⑪酒后作业；⑫客货混载；⑬冲压机作业时，手伸进冲压模；⑭工件紧固不牢；⑮用压缩空气吹铁屑；⑯其他。

(2) 造成安全装置失效。①拆除了安全装置；②安全装置堵塞，失去了作用；③调整的错误造成安全装置失效；④其他。

(3) 使用不安全设备。①临时使用不牢固的设施；②使用无安全装置的设备；③其他。

(4) 手代替工具操作。①用手代替手动工具；②用手清除切屑；③不用夹具固定、用手拿工件进行机加工。

(5) 存储不规范。物体（指成品、半成品、材料、工具、切屑和生产用品等）存放不当。

(6) 冒险进入危险场所。①冒险进入涵洞；②接近漏料处，无安全设施；③采伐、集材、运材、装车时，未离危险区；④未经安全监察人员允许进入油罐或井中；⑤未"敲帮问顶"开始作业；⑥冒进信号；⑦调车场超速上下车；⑧易燃易爆场合使用明火；⑨在绞车道行走；⑩未及时瞭望。

(7) 攀、坐不安全位置。攀、坐在如平台护栏、汽车挡板、吊车吊钩等不安全位置。

(8) 作业位置不安全。在起吊物下作业、停留等。

(9) 机器运转中非正常作业。机器运转时进行加油、修理、调整、焊接、清扫等工作。

(10) 注意力不集中。作业人员有分散注意力的行为。

(11) 防护用品使用不当。在必须使用个人防护用品用具的作业或场合中忽视其作用：①未戴护目镜或面罩；②未戴防护手套；③未穿安全鞋；④未戴安全帽；⑤未佩戴呼吸护具；⑥未佩戴安全带；⑦未戴工作帽；⑧其他。

(12) 不安全装束。①在有旋转零件的设备旁作业穿过肥大服装；②操纵带有旋转部件的设备时戴手套；③其他。

四、现场施工安全员岗位工作重点

1. 反对"三违"

员工遵章守纪，是实现安全生产的基础。员工在生产过程中，不仅要有熟练的技术，而且必须自觉遵守各项操作规程和劳动纪律，远离"三违"。即违章指挥、违章操作、违反劳动纪律。

2. "三宝""四口""十临边"

(1)"三宝"指安全帽、安全带、安全网的正确使用。

(2)"四口"指楼梯口、电梯井口、预留洞口、通道口。

(3)"十临边"通常指尚未安装栏杆或栏板的阳台周边、无外脚手架防护的楼面与屋面周边、分层施工的楼梯与楼梯段边、井架、施工电梯或外脚手架等通向建筑物的通道的两侧边、框架结构建筑的楼层周边、斜道两侧边、卸料平台外侧边、雨篷与挑檐边、水箱与水塔周边等处。

3. 三级安全教育

三级安全教育是每名刚进企业的新员工（包括新招收的合同工、临时工、学徒工、农民工、大中专毕业实习生和代培人员）必须接受的首次安全生产方面的基本教育。即公司（企业）、项目（或工程处、施工队、工区）、班组这三级。

4. 三不伤害

施工现场每一名操作人员和管理人员都要增强自我保护意识，切实做到"不伤害自己，不伤害他人，不被他人伤害"。同时也要对安全生产自觉负起监督的责任，做到"我保护他人不受伤害"，才能达到开展全员安全教育活动的目的。

5. "三落实"活动

即施工班组的每周安全活动要做到时间、人员、内容"三落实"。

6. "三懂三会"能力

即懂得本岗位和部门有什么火灾危险性，懂得灭火知识，懂得预防措施；会报火警，会使用灭火器材，会处理初起火灾。

7. 建筑施工"五大伤害"

建筑施工属于事故多发行业。建筑施工的特点是生产周期长，工人流动性大，露天高处作业多，手工操作多，劳动繁重，产品变化大，规则性差，施工机械品种繁多等，且是动态变化，具有一定的危险性。而建筑施工的安全隐患也多存在于高处作业、交叉作业、垂直运输以及使用各种电气设备工具上，综合分析伤亡事故主要发生在高处坠落、施工坍塌、物体打击、机具伤害和触电等五个方面。

从事故发生的部位看，主要集中在洞口和临边作业发生事故、在各类脚手架上作业发生事故、在安装和拆卸塔吊时发生事故、在模板工程中发生事故。如能采取措施消除这"五大伤害"，建筑施工伤亡事故将大幅度下降。所以，这"五大伤害"也就是建筑施工安全技术要解决的主要问题。

8. 十项安全技术措施

(1) 按规定使用安全"三宝"。

(2) 机械设备防护装置一定要齐全有效。

(3) 塔吊等起重设备必须有限位保险装置，不准"带病"运转，不准超负荷作业，不准在运转中维修保养。

(4) 架设电线线路必须符合当地电业局的规定，电气设备必须全部接零接地。

(5) 电动机械和手持电动工具要设置漏电保护器。

(6) 脚手架材料及脚手架的搭设必须符合规程要求。

(7) 各种缆风绳及其设置必须符合规程要求。

(8) 在建工程的楼梯口、电梯口、预留洞口、通道口，必须有防护设施。

(9) 严禁赤脚或穿高跟鞋、拖鞋进入施工现场，高空作业不准穿硬底和带钉易滑的鞋靴。

(10) 施工现场的悬崖、陡坎等危险地区应设警戒标志，夜间要设红灯示警。

9. 施工现场行走或上下的"十不准"

(1) 不准从正在起吊、运吊中的物件下通过。

(2) 不准从高处往下跳或奔跑作业。

(3) 不准在没有防护的外墙和外壁板等建筑物上行走。

(4) 不准站在小推车等不稳定的物体上操作。

(5) 不得攀登起重臂、绳索、脚手架、井字架、龙门架和随同运料的吊盘及吊装物上下。

(6) 不准进入挂有"禁止出入"或设有危险警示标志的区域、场所。

(7) 不准在重要的运输通道或上下行走通道上逗留。

(8) 未经允许不准私自进入非本单位作业区域或管理区域，尤其是存有易燃易爆物品的场所。

（9）严禁在无照明设施，无足够采光条件的区域、场所内行走、逗留。

（10）不准无关人员进入施工现场。

10. 防止违章和事故的十项操作要求

即做到"十不盲目操作"：

（1）新工人未经三级安全教育，复工换岗人员未经岗位安全教育，不盲目操作。

（2）特殊工种人员、机械操作工未经专门安全培训，无有效安全上岗操作证，不盲目操作。

（3）施工环境和作业对象情况不清，施工前无安全措施或作业安全交底不清，不盲目操作。

（4）新技术、新工艺、新设备、新材料、新岗位无安全措施，未进行安全培训教育、交底，不盲目操作。

（5）安全帽和作业所必需的个人防护用品不落实，不盲目操作。

（6）脚手、吊篮、塔吊、井字架、龙门架、外用电梯、起重机械、电焊机、钢筋机械、木工平刨、圆盘锯、搅拌机、打桩机等设施设备和现浇混凝土模板支撑、搭设安装后，未经验收合格，不盲目操作。

（7）作业场所安全防护措施不落实，安全隐患不排除，威胁人身和国家财产安全时，不盲目操作。

（8）凡上级或管理干部违章指挥，有冒险作业情况时，不盲目操作。

（9）高处作业、带电作业、禁火区作业、易燃易爆作业、爆破性作业、有中毒或窒息危险的作业和科研实验等其他危险作业的，均应由上级指派，并经安全交底；未经指派批准、未经安全交底和无安全防护措施，不盲目操作。

（10）隐患未排除，有自己伤害自己、自己伤害他人、自己被他人伤害的不安全因素存在时，不盲目操作。

11. 防止高处坠落、物体打击的十项基本安全要求

（1）高处作业人员必须着装整齐，严禁穿硬塑料底等易滑鞋、高跟鞋，工具应随手放入工具袋中。

（2）高处作业人员严禁相互打闹，以免失足发生坠落危险。

（3）在进行攀登作业时，攀登用具结构必须牢固可靠，使用必须正确。

（4）各类手持机具使用前应检查，确保安全牢靠。洞口临边作业应防止物件坠落。

（5）施工人员应从规定的通道上下，不得攀爬脚手架、跨越阳台，在非规定通道进行攀登、行走。

（6）进行悬空作业时，应有牢靠的立足点并正确系挂安全带；现场应视具体情况配置防护栏网、栏杆或其他安全设施。

（7）高处作业时，所有物料应该堆放平稳，不可放置在临边或洞口附近，并不可妨碍通行。

（8）高处拆除作业时，对拆卸下的物料、建筑垃圾都要加以清理和及时运走，不得在走道上任意乱置或向下丢弃，保持作业走道畅通。

（9）高处作业时，不准往下或向上乱抛材料和工具等物件。

（10）各施工作业场所内，凡有坠落可能的任何物料，都应先行撤除或加以固定，拆卸作业要在设有禁区、有人监护的条件下进行。

12. 防止机械伤害的"一禁、二必须、三定、四不准"

（1）一禁。不懂电器和机械的人员严禁使用和摆弄机电设备。

（2）二必须。

1）机电设备应完好，必须有可靠有效的安全防护装置。

2）机电设备停电、停工休息时必须拉闸关机，按要求上锁。

（3）三定。

1）机电设备应做到定人操作，定人保养、检查。

2）机电设备应做到定机管理、定期保养。

3）机电设备应做到定岗位和岗位职责。

（4）四不准。

1）机电设备不准带病运转。

2）机电设备不准超负荷运转。

3）机电设备不准在运转时维修保养。

4）机电设备运行时，操作人员不准将头、手、身伸入运转的机械行程范围内。

13. 防止车辆伤害的十项基本安全要求

（1）未经劳动、公安交通部门培训合格持证人员，不熟悉车辆性能者不得驾驶车辆。

（2）应坚持做好例保工作，车辆制动器、喇叭、转向系统、灯光等影响安全的部件，如作用不良不准出车。

（3）严禁翻斗车、自卸车车厢乘人，严禁人货混装，车辆载货应不超载、超高、超宽，捆扎应牢固可靠、应防止车内物体失稳跌落伤人。

（4）乘坐车辆应坐在安全处，头、手、身不得露出车厢外，要避免车辆启动制动时跌倒。

（5）车辆进出施工现场，在场内掉头、倒车，在狭窄场地行驶时应有专人指挥。

（6）现场行车进场要减速，并做到"四慢"，即道路情况不明要慢，线路不良要慢，起步、会车、停车要慢，在狭路、桥梁弯路、坡路、岔道、行人拥挤地点及出入大门时要慢。

（7）在临近机动车道的作业区和脚手架等设施，以及在道路中的路障应加设安全色标、安全标志和防护措施，并要确保夜间有充足的照明。

（8）装卸车作业时，若车辆停在坡道上，应在车轮两侧用楔形木块加以固定。

（9）人员在场内机动车道应避免右侧行走，并做到不平排结队有碍交通；避让车辆时，应不避让于两车交会之中，不站于旁有堆物无法退让的死角。

（10）机动车辆不得牵引无制动装置的车辆，牵引物体时物体上不得有人，人不得进入正在牵引的物与车之间，坡道上牵引时，车和被牵引物下方不得有人作业和停留。

14. 防止触电伤害的十项基本安全操作要求

根据安全用电"装得安全、拆得彻底、用得正确、修得及时"的基本要求，为防止触电伤害的操作要求有：

（1）非电工严禁拆接电气线路、插头、插座、电气设备、电灯等。

（2）使用电气设备前必须要检查线路、插头、插座、漏电保护装置是否完好。

（3）电气线路或机具发生故障时，应找电工处理，非电工不得自行修理或排除故障。

（4）使用振捣器等手持电动机械和其他电动机械从事湿作业时，要由电工接好电源，安装上漏电保护器，操作者必须穿戴好绝缘鞋、绝缘手套后再进行作业。

（5）搬迁或移动电气设备必须先切断电源。

（6）搬运钢筋、钢管及其他金属物时，严禁触碰到电线。

（7）禁止在电线上挂晒物料。

（8）禁止使用照明器烘烤、取暖，禁止擅自使用电炉和其他电加热器。

（9）在架空输电线路附近工作时，应停止输电，不能停电时，应有隔离措施，要保持安全距离，防止触碰。

（10）电线必须架空，不得在地面、施工楼面随意乱拖，若必须通过地面、楼面时应有过路保护，物料、车、人不准压踏碾磨电线。

16. 起重吊装的"十不吊"规定

（1）起重臂和吊起的重物下面有人停留或行走不准吊。

（2）起重指挥应由技术培训合格的专职人员担任，无指挥或信号不清不准吊。

（3）钢筋、型钢、管材等细长和多根物件必须捆扎牢靠，多点起吊。单头"千斤"或捆扎不牢靠不准吊。

（4）多孔板、积灰斗、手推翻斗车不用四点吊或大模板外挂板不用卸甲不准吊。预制钢筋混凝土楼板不准双拼吊。

（5）吊砌块必须使用安全可靠的砌块夹具，吊砖必须使用砖笼，并堆放整齐。木砖、预埋件等零星物件要用盛器堆放稳妥，叠放不齐不准吊。

（6）楼板、大梁等吊物上站人不准吊。

（7）埋入地下的板桩、井点管等以及粘连、附着的物件不准吊。

（8）多机作业，应保证所吊重物距离不小于 3m，在同一轨道上多机作业，无安全措施不准吊。

（9）6 级以上强风不准吊。

（10）斜拉重物或超过机械允许荷载不准吊。

16. 气割、电焊的"十不烧"规定

（1）焊工必须持证上岗，无特种作业人员安全操作证的人员，不准进行焊、割作业。

（2）凡属一、二、三级动火范围的焊、割作业，未经办理动火审批手续，不准进行焊、割。

（3）焊工不了解焊、割现场周围情况，不得进行焊、割。

（4）焊工不了解焊件内部是否安全时，不得进行焊、割。

（5）各种装过可燃气体、易燃液体和有毒物质的容器，未经彻底清洗、排除危险性之前，不准进行焊、割。

（6）用可燃材料做保温层、冷却层、隔热设备的部位，或火星能飞溅到的地方，在未采取切实可靠的安全措施之前，不准焊、割。

（7）有压力或密闭的管道、容器，不准焊、割。

（8）焊、割部位附近有易燃易爆物品，在未做清理或未采取有效的安全措施之前，不准焊、割。

（9）附近有与明火作业相抵触的工种在作业时，不准焊、割。

（10）与外单位相连的部位，在没有弄清有无险情，或明知存在危险而未采取有效的措施之前，不准焊、割。

五、项目施工安全技术管理要求

1. 项目施工安全技术管理要求

（1）所有建筑工程的施工组织设计（施工方案），都必须有安全技术措施。爆破、吊装、水下、深坑、支模、拆除等大型特殊工程，都要编制单项安全技术方案，否则不得开工。

（2）施工现场道路、上下水及采暖管道、电气线路、材料堆放、临时和附属设施等的平面布置，都要符合安全、卫生、防水要求，并要加强管理，做到安全生产和文明生产。

（3）各种机电设备的安全装置和起重设备的限位装置，都要齐全有效，没有的不能使用。要建立定期维修保养制度，检修机械设备要同时检修防护装置。

（4）脚手架、井字架（龙门架）和安全网，搭设完必须经工长验收合格，方能使用。使用期间要指定专人维护保养，发现有变形、倾斜、摇晃等情况，要及时加固。

（5）施工现场、坑井、沟和各种孔洞，易燃易爆场所，变压器周围，都要指定专人设置围栏或盖板和安全标志，夜间要设红灯示警。各种防护设施、警告标志，未经施工负责人批准，不得移动和拆除。

（6）实行逐级安全技术交底制度。开工前，技术负责人要将工程概况、施工方法、安全技术措施等情况向全体职工进行详细交底，两个以上施工队或工种配合施工时，施工队长、工长要按工程进度定期或不定期地向有关班组长进行交叉作业的安全交底。班组每天对工人进行施工要求、作业环境的安全交底。

（7）混凝土搅拌站、木工车间、沥青加工点及喷漆作业场所等，都要采取措施，限期使尘毒浓度达到国家标准。

（8）采用各种安全技术和工业卫生的革新和科研成果，都要经过试验、鉴定和制定相应安全技术措施，才能使用。

（9）加强季节性劳动保护工作。夏季要防暑降温，冬季要防寒防冻，防止煤气中毒，雨季和台风到来之前，应对临时设施和电气设备进行检修，沿河流域的工地要做好防洪抢险准备。雨雪过后要采取防滑措施。

（10）施工现场和木工加工厂（车间）和储存易燃易爆器材的仓库，要建立防火管理制度，备足防火设施和灭火器材，要经常检查，保持良好。

（11）凡新建、改建和扩建的工厂和车间，都应采用有利于劳动者的安全和健康的先进工艺和技术。劳动安全卫生设施与主体工程同时设计、同时施工、同时投产。

2. 对分包单位安全技术管理要求

实行施工总承包的建设项目，总包单位应对分包单位的进场安全进行总交底，以保障施工生产的顺利进行。各施工单位必须认真执行以下要求：

（1）贯彻执行国家、行业的安全生产、劳动保护和消防工作的各类法规、条例、规定；遵守企业的各项安全生产制度、规定及要求。

（2）分包单位要服从总包单位的安全生产管理。分包单位的负责人必须对本单位职工进行安全生产教育，以增强法制观念和提高职工的安全意识及自我保护能力，自觉遵守安全生产六大纪律、安全生产制度。

（3）分包单位应认真贯彻执行工地的分部分项、分工种及施工安全技术交底要求。分包单位的负责人必须检查具体施工人员落实情况，并进行经常性的督促、指导，确保施工安全。

（4）分包单位的负责人应对所属施工及生活区域的施工安全、文明施工等各方面工作全面负责。分包单位负责人离开现场，应指定专人负责，办理书面委托管理手续。分包单位负责人和被委托负责管理的人员，应经常检查督促本单位职工自觉做好各方面工作。

（5）分包单位应按规定，认真开展班组安全活动。施工单位负责人应定期参加工地、班组的安全活动，以及安全、防火、生活卫生等检查，并做好检查活动的有关记录。

（6）分包单位在施工期间必须接受总包方的检查、督促和指导。同时总包方应协助各施工单位搞好安全生产、防火管理。对于查出的隐患及问题，各施工单位必须限期整改。

（7）分包单位对各自所处的施工区域、作业环境、安全防护设施、操作设施设备、工具用具等必须认真检查，发现问题和隐患，立即停止施工，落实整改。如本单位无能力落实整改的，应及时向总包汇报，由总包协调落实有关人员进行整改，分包单位确认安全后，方可施工。

（8）由总包提供的机械设备、脚手架等设施，在搭设、安装完毕交付使用前，总包须会同有关分包单位共同按规定验收，并做好移交使用的书面手续，严禁在未经验收或验收不合格的情况下投入使用。

（9）分包单位与总包单位如需相互借用或租赁各种设备以及工具的，应由双方有关人员办理借用或租赁手续，制定有关安全使用及管理制度。借出单位应保证借出的设备和工具完好并符合要求，借入单位必须进行检查，并做好书面移交记录。

（10）分包单位对于施工现场的脚手架、设施、设备的各种安全防护设施、保险装置、安全标志和警告牌等不得擅自拆除、变动，如确需拆除变动的，必须经总包施工负责人和安全管理人员的同意，并采取必要、可靠的安全措施后方能拆除。

（11）特种作业及中、小型机械的操作人员，必须按规定经有关部门培训、考核合格后，持有效证件上岗作业。起重吊装人员必须遵守"十不吊"规定，严禁违章、无证操作，严禁不懂电气、机械设备的人员擅自操作使用电气、机械设备。

（12）各施工单位必须严格执行防火防爆制度，易燃易爆场所严禁吸烟及动用明火，消防器材不准挪作他用。电焊、气割作业应按规定办理动火审批手续，严格遵守"十不烧"规定，严禁使用电炉。冬期施工如必须采用明火加热的防冻措施时，应取得总包防火主管人员同意，落实防火、防中毒措施，并指派专人值班看护。

（13）分包单位需用总包单位提供的电气设备时，在使用前应先进行检测，如不符合安全使用规定的，应及时向总包单位提出，总包单位应积极落实整改，整改合格后方准使用，严禁擅自乱拖乱拉私接电气线路及电气设备。

（14）在施工过程中，分包单位应注意地下管线及高、低压架空线和通信设施、设备的保护。总包单位应将地下管线及障碍物情况向分包单位详细交底，分包单位应贯彻交底要求，如遇有问题或情况不明时要采取停止施工的保护措施，并及时向总包单位汇报。

（15）贯彻"谁施工谁负责安全、防火"的原则。分包单位在施工期间发生各类事故，应及时组织抢救伤员、保护现场，并立即向总包方和自己的上级单位和有关部门报告。

（16）按工程特点进行针对性交底。

3. 协助劳务队伍安全生产管理

（1）不得使用未经劳动部门审核的劳务队伍。

（2）对劳务队伍人员要严格进行安全生产管理，保障劳务队伍人员在生产过程中的安全和健康。

（3）劳务队伍队长必须申请办理《施工企业安全资格认可证》。各用工单位应监督、协助劳务队伍办理"认可证"，否则视同无安全资质处理。

（4）依照"管生产必须管安全"的原则，劳务队伍必须明确一名领导作为本队安全生产负责人，主管本队日常的安全生产管理工作。50人以下的劳务队伍，应设一名兼职安全员，50人以上的劳务队伍应设一名专职安全员。用工单位要负责对劳务队伍专（兼）职安全员进行安全生产业务培训考核，对合格者签发《安全生产检查员》证。劳务队伍专（兼）职安全员应持证上岗，纠止本队违章行为。

（5）劳务队伍要保证人员相对稳定，确需增加或调换人员时，劳务队伍领导必须事先提出计划，报请有关领导和部门审核。增加或调换的人员按新入场人员进行三级安全教育。凡未经同意擅自增加或调换人员，未经安全教育考试上岗作业者，一经发现，追究有关部门和劳务队伍领导责任。

（6）劳务队伍领导必须对本队人员进行经常性的安全生产和法制教育，必须服从用工单位各级安全管理人员的监督指导。用工单位各级安全管理人员有权按照规章制度，对违章冒险作业人员进行经济处罚，停工整顿，直到建议清退出场。用工单位应认真研究安全管理人员的建议，对决定清退出场的劳务队伍，用工单位必须及时上报集团总公司相关职能部门，劳务部门当年不得再与该队签订用工协议，也不得转移到其他单位，若发现因劳务队伍严重违章应清退出场而未清退或转移到集团其他单位的，则追究有关人员责任。

（7）劳务队伍自身必须加强安全生产教育，提高技术素质和安全生产的自我保护意识，认真执行班前安全讲话制度，建立每周一次安全生产活动日制度。讲评一周安全生产情况，学习有关安全生产规章制度，研究解决存在的安全隐患，表彰好人好事，批评违章行为，组织观看安全生产录像等，并做好活动记录。

（8）劳务队伍领导和专（兼）职安全员必须每日上班前对本队的作业环境，设施设备的安全状态进行认真的检查，对检查发现的隐患，应本着凡是自己能解决的，不推给上级领导，立即解决。凡是检查发现的重大隐患，必须立即报告项目经理部的安全管理员。

（9）劳务队伍领导和专（兼）职安全员应在本队人员作业过程中巡视检查，随时纠正违章行为，解决作业中人为形成的隐患。下班前对作业中使用的设施设备进行检查，确认机电是否拉闸断电，用火是否熄灭，活完料净场地清，确认无误，方准离开现场。

（10）凡违反有关规定，使用未办理《施工企业安全资格认可证》、未经注册登记、无用工手续的劳务队伍或对劳务队伍没有进行三级安全教育，安全部门有权对用工单位和直接责任者进行经济处罚。造成严重后果、触犯刑法的，提交司法部门处理。

六、安全生产事故调查、报告及处理

1. 建筑施工常见安全事故的形式

（1）物体打击事故。物体打击事故是指施工人员在操作过程中受到各种工具、材料、机械零部件等从高空下落造成的伤害，以及各种崩块、碎片、锤击、滚石等对人体造成的伤害，器具飞击、料具反弹等对人体造成的伤害等，物体打击事故不包括因爆炸引起的物体打击。

建筑工程施工现场的物体打击事故不但能直接造成人员伤亡，而且对建筑物、构筑物、设备管线、各种设施等，也都有可能造成损害。造成物体打击伤害的主要物体是建筑材料、构件和机具，物体打击事故的常见形式有以下几种。

1）由于空中落物对人体造成的砸伤。

2）反弹物体对人体造成的撞击。

3）材料、器具等硬物对人体造成的碰撞。

4）各种碎屑、碎片飞溅对人体造成的伤害。

5）各种崩块和滚动物体对人体造成的砸伤。

6）器具部件飞出对人体造成的伤害。

（2）高处坠落事故。高处作业是指在坠落高度基准面 2m 以上（含 2m），有可能坠落的作业处进行的作业。操作人员在高处作业中临边、洞口、攀登、悬空、操作平台及交叉作业区坠落事故，即为高处坠落事故。高处作业可分为临边作业、洞口作业、悬空作业三大类。

高处坠落事故受害者不仅为施工操作工人，还有工程技术人员和专职安全员；高处坠落事故责任者包括建筑企业负责人、工程技术人员、专职安全员和操作工人，特别是未经安全培训的新入场工人；高处坠落事故多发生在脚手架和预留洞口等部位，尤其是从脚手架或操作平台坠落导致伤亡事故的案例最多；高处坠落事故时间多发生在从施工准备到主体结构施工阶段，以及装饰工程施工和工程收尾等各个阶段。高处坠落事故的常见形式主要以下几种。

1）从脚手架及操作平台上坠落。

2）从平地坠落入沟槽、基坑、井孔。

3）从机械设备上坠落。

4）从楼面、屋顶、高台等临边坠落。

5）滑跌、踩空、拖带、碰撞等引起坠落。

6）从"四口"坠落。

（3）触电事故。施工现场临时用电是相对于施工现场以外正式工业与民用"永久"性用电而提出的一种专属施工现场内部的用电，是由施工现场临时用电工程提供电力并用于施工现场施工的用电。施工现场临时用电有临时性、移动性和露天性等特点。施工现场临时用电虽然属于暂设，但是不能有"临时"的观点，应有正规的电气设计，加强用电管理。

触电伤害分电击和电伤两种，电击是指直接接触带电部分，使人体通过一定的电流，是有致命危险的触电伤害；电伤是指皮肤局部的创伤，如灼伤、烙印等。

施工现场的触电事故主要有三类：施工人员触碰电线或电缆线；建筑机械设备漏电；对高压线防护不当导致触电。触电事故的常见形式如下。

1）带电电线、电缆破口、断头。

2）电动设备漏电。

3）起重机部件等触碰高压线。

4）挖掘机损坏地下电缆。

5）移动电线、机具，电线被拉断、破皮。

6）电闸箱、控制箱漏电或误触碰。

7）强力自然因素导致电线断裂。

8）雷击。

（4）机械伤害事故。施工机械、机具对操作人员砸、撞、绞、碾、碰、割、戳等造成的伤害，称为机械、机具伤害。

建筑施工现场常见的导致机械伤害事故的机械、机具有：木工机械、钢筋加工机械、混凝土搅拌机、砂浆搅拌机、打桩机、装饰工程机械、土石方机械、各种起重运输机械等。造成死亡事故的常见机械有龙门架及井架物料提升机、各类塔式起重机、外用施工电梯、土石方机械及铲土运输机械等。机械伤害常见的事故形式如下。

1）机械转动部分的绞、碾和拖带造成的伤害。

2）机械部件飞出造成的伤害。

3）机械工作部分的钻、刨、削、砸、割、扎、撞、锯、戳、绞、碾造成的伤害。

4）进入机械容器或运转部分导致受伤。

5）机械失稳、倾覆造成的伤害。

（5）坍塌事故。坍塌一般是指建筑物、堆置物倒塌和土石方塌方等。坍塌事故与高处坠落事故、触电事故、物体打击事故、机械伤害事故，被列为"五大伤害"。

导致坍塌事故的主要原因：一是施工单位不重视安全生产、缺乏安全管理经验；二是盲目施工，不编制安全施工方案，缺乏安全技术措施。主要体现在：开挖基坑、基槽时，边坡坡度过陡，且没有采取临时支撑等措施；现浇混凝土梁、板支撑体系没有经过设计计算，模板或支撑构件的强度、刚度不足，模板支撑体系失稳造成倒塌；梁、板的混凝土强度未达到设计要求，提前拆模；脚手架、操作平台等集中堆放材料过多而造成倒塌等。

坍塌事故的常见形式如下。

1）基槽或基坑壁、边坡、洞室等土石方的坍塌。

2）地基基础悬空、失稳、滑移等导致上部结构的坍塌。

3）工程施工质量极度低劣造成建筑物的倒塌。

4）塔式起重机、脚手架、井架等设施的倒塌。

5）施工现场临时建筑物的倒塌。

6）现场材料等堆置物的倒塌。

7）大风等强力自然因素造成的倒塌。

2. 安全生产事故分类

根据生产安全事故（以下简称事故）造成的人员伤亡或者直接经济损失，国务院颁布实施的《企业职工伤亡事故报告和处理规定》以及《企业职工伤亡事故分类》（GB 6441—1986）和《生产安全事故报告和调查处理条例》的规定，职工在劳动过程中发生的人身伤害、急性中毒伤亡事故分具体分类见表1-1。

表 1-1　　　　　　　　　　　　生产安全事故等级分类

事故类别	说　明
轻伤	损失工作日 1～105 个工作日的失能伤害
重伤	损失工作日等于或超过 105 个工作日的失能伤害
死亡	损失工作日 6000 个工作日
安全事故	特别重大事故，是指造成 30 人以上死亡，或者 100 人以上重伤（包括急性工业中毒，下同），或者 1 亿元以上直接经济损失的事故； 重大事故，是指造成 10 人以上 30 人以下死亡，或者 50 人以上 100 人以下重伤，或者 5000 万元以上 1 亿元以下直接经济损失的事故； 较大事故，是指造成 3 人以上 10 人以下死亡，或者 10 人以上 50 人以下重伤，或者 1000 万元以上 5000 万元以下直接经济损失的事故； 一般事故，是指造成 3 人以下死亡，或者 10 人以下重伤，或者 1000 万元以下直接经济损失的事故

注　损失工作日是指估价事故在劳动力方面造成的直接损失。某种伤害的损失工作日一经确定，即为标准值，与受伤害者的实际休息日无关。

3. 安全生产事故报告

（1）事故发生后，事故现场有关人员应当立即向本单位负责人报告；单位负责人接到报告后，应当于 1 小时内向事故发生地县级以上人民政府安全生产监督管理部门和负有安全生产监督管理职责的有关部门报告。

（2）情况紧急时，事故现场有关人员可以直接向事故发生地县级以上人民政府安全生产监督管理部门和负有安全生产监督管理职责的有关部门报告。

（3）安全生产监督管理部门和负有安全生产监督管理职责的有关部门接到事故报告后，应当依照下列规定上报事故情况，并通知公安机关、劳动保障行政部门、工会和人民检察院。

1）特别重大事故、重大事故逐级上报至国务院安全生产监督管理部门和负有安全生产监督管理职责的有关部门。

2）较大事故逐级上报至省、自治区、直辖市人民政府安全生产监督管理部门和负有安全生产监督管理职责的有关部门。

3）一般事故上报至设区的市级人民政府安全生产监督管理部门和负有安全生产监督管理职责的有关部门。

4）安全生产监督管理部门和负有安全生产监督管理职责的有关部门逐级上报事故情况，每级上报的时间不得超过 2 小时。

（4）事故报告内容：报告事故应当包括下列内容：

1）事故发生单位概况；

2）事故发生的时间、地点以及事故现场情况；

3）事故的简要经过；

4）事故已经造成或者可能造成的伤亡人数（包括下落不明的人数）和初步估计的直接经济损失；

5）已经采取的措施；

6）其他应当报告的情况；

7）事故报告后出现新情况的，应当及时补报；

8）自事故发生之日起30日内，事故造成的伤亡人数发生变化的，应当及时补报。道路交通事故、火灾事故自发生之日起7日内，事故造成的伤亡人数发生变化的，应当及时补报。

4. 安全生产事故调查

（1）事故调查组的组成。

1）特别重大事故由国务院或者国务院授权有关部门组织事故调查组进行调查。

2）重大事故、较大事故、一般事故分别由事故发生地省级人民政府、设区的市级人民政府、县级人民政府负责调查。省级人民政府、设区的市级人民政府、县级人民政府可以直接组织事故调查组进行调查，也可以授权或者委托有关部门组织事故调查组进行调查。

3）未造成人员伤亡的一般事故，县级人民政府也可以委托事故发生单位组织事故调查组进行调查。

4）自事故发生之日起30日内（道路交通事故、火灾事故自发生之日起7日内），因事故伤亡人数变化导致事故等级发生变化，依照本条例规定应当由上级人民政府负责调查的，上级人民政府可以另行组织事故调查组进行调查。

5）特别重大事故以下等级事故，事故发生地与事故发生单位不在同一个县级以上行政区域的，由事故发生地人民政府负责调查，事故发生单位所在地人民政府应当派人参加。

6）根据事故的具体情况，事故调查组由有关人民政府、安全生产监督管理部门、负有安全生产监督管理职责的有关部门、监察机关、公安机关以及工会派人组成，并应当邀请人民检察院派人参加。

（2）事故调查报告应当包括下列内容：

1）事故发生单位概况；

2）事故发生经过和事故救援情况；

3）事故造成的人员伤亡和直接经济损失；

4）事故发生的原因和事故性质；

5）事故责任的认定以及对事故责任者的处理建议；

6）事故防范和整改措施。

5. 伤亡事故的处理和程序

发生伤亡事故后，负伤人员或最先发现事故的人应立即报告。企业对受伤人员歇工一个工作日以上的事故，应填写伤亡事故登记表并及时上报。

企业发生重伤和重大伤亡事故，必须立即将事故概况（包括伤亡人数、发生事故的时间、地点、原因）等，用快速方法分别报告企业主管部门、行业安全管理部门和当地公安部门、人民检察院。发生重大伤亡事故，各有关部门接到报告后应立即转报各自的上级主管部门。

对事故的调查处理，必须坚持"事故原因不清不放过，事故责任者和群众没有受到教育不放过，没有防范措施不放过"的"三不放过"原则，事故调查的工作关系如图1-1所示，事故的处理程序见表1-2。

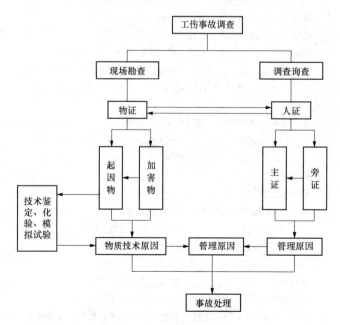

图1-1 事故调查工作关系图

表1-2   伤亡事故处理程序

程序	内　　容
抢救伤员 保护现场	事故发生后，负伤人员或最先发现事故的人应立即报告有关领导，并逐级上报 单位领导接到事故报告后，应立即赶赴现场组织抢救，制止事故蔓延扩大 现场人员应有组织，服从指挥，首先抢救伤员，排除险情 保护好事故现场，防止人为或自然因素破坏，在须移动现场物品时，应做好标识
组织 调查组	在组织抢救的同时，应迅速组织调查组开展调查工作，调查组的组成： （1）轻伤重伤事故，由企业负责人或其指定人员组织生产、技术、安全、工会等部门组成 （2）伤亡事故，由企业主管部门会同企业所在地区的行政安全部门、公安部门、工会组成 （3）重大死亡事故，按照企业的隶属关系，由省、自治区、直辖市企业主管部门或国务院有关主管部门会同同级行政安全管理部门、公安部门、监察部门、工会组成 （4）死亡和重大死亡事故调查组还应邀请人民检察院参加，还可邀请有关专业技术人员参加 （5）与发生事故有关直接利害关系的人员不得参加调查组
现场勘察	现场勘查必须及时、全面、准确、客观，其主要内容有： （1）现场调查笔录： 事故发生的时间（年、月、日、时、分、班次） 具体地点（施工所在地、现场工号位置） 现场自然环境、气象、污染、噪声、辐射等 现场勘察人员姓名、单位、职务和现场勘察的起止时间和勘察过程 受伤害人员自然状况（姓名、年龄、工龄、工种、安全教育等）、伤害部位、性质、程度 事故发生前劳动组合、现场人员的位置和行动，受伤害人数及事故类别 导致伤亡事故发生的起因物（建筑物、构筑物、机械设备、材料、用具等） 发生事故作业的工艺条件、操作方法、设备状况及工作参数 设备损坏或异常情况及事故前后的位置，能量失散所造成的破坏情况、状态、程度 重要物证的特征、位置、散落情况及鉴定、化验、模拟试验等检验情况 安全技术措施计划的编制、交底、执行情况，安全管理各项制度执行情况 （2）现场拍照：方位拍照，能反映事故现场在周围环境中的位置 全面拍照，能反映事故现场各部分之间的联系 中心拍照，能反映事故现场中心情况 细目拍照，提示事故直接原因的痕迹物、致害物等 人体拍照，反映伤亡者主要受伤和造成死亡伤害的部位 （3）现场绘图：根据事故类别和规模以及调查工作的需要现场绘制示意图： 平面图、剖面图；事故时现场人员位置及活动图；破坏物立体图或展开图； 涉及范围图；设备或工、器具构造简图

程序	内　　容
分析事故原因	（1）认真、客观、全面、细致、准确地分析造成事故的原因，确定事故的性质 （2）按 GB 6441—1986 标准附录 A，受伤部位、受伤性质、起因物、致害物、伤害方法、不安全状态和不安全行为等七项内容进行分析，确定事故的直接原因和间接原因 （3）根据调查所确认的事实，从直接原因入手，深入查出间接原因，分析确定事故的直接责任者和领导责任者，并根据其在事故发生过程中的作用确定主要责任者 （4）事故的性质有： 责任事故，由于人的过失造成的事故 非责任事故，由于不可预见或不可抗力的自然条件变化所造成的事故或在技术改造、发明创造、科学试验活动中，由于科学技术条件的限制而发生的无法预料的事故 破坏性事故，即为达到既定目的而故意制造的事故。此类事故应由公安机关立案、追查处理
事故责任分析	（1）根据调查掌握的事实，按有关人员职责、分工、工作态度和在事故中的作用追究其应负责任 按照生产技术因素和组织管理因素，追究最初造成事故隐患的责任 按照技术规定的性质、技术难度、明确程度，追究属于明显违反技术规定的责任 （2）根据其情节轻重和损失大小，分清责任、主要责任、其次责任、重要责任、一般责任、领导责任等 因设计上的错误和缺陷而发生的事故，由设计者负责 因施工、制造、安装、检修上的错误或缺陷所发生的事故，由施工、制造、安装、检修、检验者负责 因工艺条件或技术操作确定上的错误和缺陷而发生的事故，由其确定者负责 因官僚主义的错误决定、瞎指挥而造成的事故，由指挥者负责 事故发生未及时采取措施，致使类似事故重复发生，有关领导负责 因缺少安全生产规章制度而发生的事故，由生产组织者负责 因违反规定或操作错误而造成的事故，由操作者负责 未经教育、培训，不懂安全操作规程就上岗作业而发生的事故，由指派者负责 因随便拆除安全防护装置而造成的事故，由决定拆除者负责 对已发现的重大事故隐患，未及时解决而造成的事故，由主管领导或贻误部门领导负责 （3）对发生伤亡事故后，有下列行为者要给予从严处理： 发生伤亡事故后，隐瞒不报、虚报、拖报的 发生伤亡事故后，不积极组织抢救或抢救不力而造成更大伤亡的 发生伤亡事故后，不认真采取防范措施，致使同类事故重复发生的 发生伤亡事故后，滥用职权、擅自处理事故或袒护、包庇事故责任者的有关人员 事故调查中，隐瞒真相、弄虚作假、嫁祸于人的 （4）根据事故后果和认识态度，按规定提出对责任者以经济处罚、行政处分或追究刑事责任等处理意见

程序	内 容
制定预防措施	根据事故原因分析，制定防止类似事故再次发生的预防措施 分析事故责任，使责任者、领导者、职工群众吸取教训，改进工作，加强安全意识 对重大未遂事故也应按上述要求查找原因、严肃处理
撰写调查报告	调查报告应包括事故发生的经过、原因、责任分析和处理意见以及本事故的教训和改进工作的建议等内容 调查报告须经调查组全体成员签字后报批 调查组内部存在分歧时，持不同意见者可保留意见，在签字时加以说明
事故审理和结案	事故处理结论，经有关机关审批后，即可结案 伤亡事故处理工作应当在90天结案，特殊情况不得超过180天 事故案件的审批权限应同企业的隶属关系及人事管理权限一致 事故调查处理的文件、图纸、照片、资料等记录应完整并长期保存
员工伤亡事故记录	员工伤亡事故登记记录主要有： 员工重伤、死亡事故调查报告书，现场勘察记录、图纸、照片等资料；物证、人证调查材料；技术鉴定和试验报告；医疗部门对伤亡者的诊断结论及影印件；事故调查组人员的姓名、职务，并应逐个签字；企业及其主管部门对事故的结案报告；受处理人员的检查材料；有关部门对事故的结案批复等
工伤事故统计说明	"工人职员在生产区域内所发生的和生产有关的伤亡事故"，是指企业在册职工在企业活动所涉及的区域内（不包括托儿所、食堂、诊疗所、俱乐部、球场等生活区域），由于生产过程中存在的危险因素的影响，突然使人体组织受到损伤或某些器官失去正常机能，以致负伤人员立即中断工作的一切事故 员工负伤后一个月内死亡，应作为死亡事故填报或补报，超过者不作死亡事故统计 员工在生产工作岗位干私活或打闹造成伤亡事故，不作工伤统计 企业车辆执行生产运输任务（包括本企业职工乘坐企业车辆）行驶在场外公路上发生的伤亡事故，一律由交通部门统计 企业发生火灾、爆炸、翻车、沉船、倒塌、中毒等事故造成旅客、居民、行人伤亡，均不作职工伤亡统计 停薪留职的职工到外单位工作发生伤亡事故由外单位统计

七、建筑施工相关安全法律法规要求

1. 《中华人民共和国建筑法》（以下简称《建筑法》）

《建筑法》以规范建筑市场行为为起点，以建设工程质量和安全为主线，为建筑业企业及其主管部门贯彻"安全第一、预防为主、综合治理"的方针，处理好建设行政主管部门和安全生产监察部门管理职责分工联系；处理好"扰民"和"民扰"关系；落实建设单位、设计单位、施工企业安全生产责任制；加强建筑施工的四个环节，即施工前、施工作业、施工现场的安全管理，以及一旦发生事故如何处理；建立健全安全生产九项基本制度等做出了法律上的规定。

《建筑法》中直接涉及建筑安全生产的主要有：

（1）建筑许可制度。建筑许可制度包括施工许可和从事建筑活动的单位和个人的资格许可。

1）施工许可来自《建筑法》第七条规定："建筑工程开工前，建设单位应当按照国家有关规定向工程所在地县级以上人民政府建设行政主管部门申请领取施工许可证"。根据《安全生产许可证条例》，建筑施工企业未取得安全生产许可证的，不得从事生产活动，即不得颁发施工许可证。

2）从事建筑活动的单位的资格许可来自《建筑法》第十三条规定："从事建筑活动的建筑施工企业、勘察单位、设计单位和工程监理单位，按照其拥有的注册资本、专业技术人员、技术装备和已完成的建筑工程业绩等资质条件，划分为不同的资质等级，经资质审查合格，取得相应等级的资质证书后，方可在其资质等级许可的范围内从事建筑活动。"

3）建筑从业人员的个人资格许可，来自《建筑法》第十四条规定："从事建筑活动的专业技术人员，应当依法取得相应的执业资格证书，并在执业证书许可的范围内从事建筑活动。"即要通过国家任职资格考试、考核，由建设行政主管部门注册并颁发资格证书，方能从业。

建筑工程从业者资格证件，严禁出卖、转让、出借、涂改、伪造。违反上述规定的，将视具体情节，追究法律责任。

（2）建筑工程发包与承包制度。《建筑法》规定了建筑工程发包与承包应当遵循的基本原则以及行为规范，如实行招投标发包，不得违法肢解发包建筑工程，总承包单位分包时须经建设单位认可，禁止承包单位将其承包的建筑工程转包给他人，禁止分包单位将其分包的工程再分包，等等。

（3）建筑安全生产管理制度。《建筑法》对施工单位安全生产管理做出了如下十三项规定。

1）建筑工程安全生产管理必须坚持"安全第一、预防为主"的方针，建立健全安全生产的责任制度和群防群治制度。

2）建筑施工企业在编制施工组织设计时，应当根据建筑工程的特点制定相应的安全技术措施；对专业性较强的工程项目，应当编制专项安全施工组织设计，并采取安全技术措施。

3）建筑施工企业应当在施工现场采取维护安全、防范危险、预防火灾等措施；有条件的，应当对施工现场实行封闭管理。施工现场对毗邻的建筑物、构筑物和特殊作业环境可能造成损害的，建筑施工企业应当采取安全防护措施。

4）建筑施工企业应当遵守有关环境保护和安全生产的法律、法规的规定，采取控制和处理施工现场的各种粉尘、废气、废水、固体废物以及噪声、振动对环境的污染和危害的措施。

5）建筑施工企业必须依法加强对建筑安全生产的管理，执行安全生产责任制度，采取有效措施，防止伤亡和其他安全生产事故的发生。建筑施工企业的法定代表人对本企业的安全生产负责。

6）施工现场安全由建筑施工企业负责。实行施工总承包的，由总承包单位负责。分包单位向总承包单位负责，服从总承包单位对施工现场的安全生产管理。

7）建筑施工企业应当建立健全劳动安全生产教育培训制度，加强对职工安全生产的教育培训；未经安全生产教育培训的人员，不得上岗作业。

8）建筑施工企业和作业人员在施工过程中，应当遵守有关安全生产的法律、法规和建筑行业安全规章、规程，不得违章指挥或者违章作业。作业人员有权对影响人身健康的作业程序和作业条件提出改进意见，有权获得安全生产所需的防护用品。作业人员对危及生命安全和人身健康的行为有权提出批评、检举和控告。

9）建筑施工企业必须为从事危险作业的职工办理意外伤害保险，支付保险费。

10）房屋拆除应当由具备保证安全条件的建筑施工单位承包，由建筑施工单位负责人对安全负责。

11）施工中发生事故时，建筑施工企业应当采取紧急措施减少人员伤亡和事故损失，并按照国家有关规定及时向有关部门报告。

12）建筑工程施工的质量必须符合国家有关建筑工程安全标准的要求。

13）建筑施工企业应当拒绝建设单位任何违反法律、行政法规和建筑工程质量、安全标准，降低工程质量的要求。

2.《中华人民共和国劳动法》（以下简称《劳动法》）

《劳动法》中涉及劳动保护安全生产的内容有：劳动安全卫生；女职工和未

成年工特殊保护；社会保险与福利。在劳动安全卫生方面明确了用人单位的责任和义务、劳动者的权利和义务。规定用人单位必须建立健全劳动安全卫生制度，严格执行国家劳动安全卫生规程和标准，对劳动者进行劳动安全卫生教育，防止劳动过程中的事故，减少职业危害。必须为劳动者提供符合国家规定的劳动安全卫生条件和必要的劳动保护用品，对从事有职业危害作业的劳动者应当定期进行健康检查。从事特种作业的劳动者必须经过专门培训并取得特种作业资格。

规定劳动者在劳动过程中必须严格遵守安全操作规程。劳动者对用人单位管理人员的违章指挥、强令冒险作业，有权拒绝执行；对危害生命安全和身体健康的行为，有权提出批评、检举和控告。

劳动法还强调劳动安全卫生设施必须符合国家规定的标准。新建、改建、扩建工程的劳动安全卫生设施必须与主体工程同时设计、同时施工、同时投入生产和使用，即"三同时"制度。

3.《中华人民共和国安全生产法》（以下简称《安全生产法》）

《安全生产法》是我国第一部安全生产综合性法律，以规范生产经营单位的安全生产为重点，以强化安全生产监督执法为手段，立足于事故预防，突出了安全生产基本法律制度建设，是各类生产经营单位及其从业人员实现安全生产所必须遵循的法律规范，是各级人民政府和各有关部门进行监督管理和行政执法的法律依据，是制裁各种安全生产违法犯罪的法律武器。

（1）安全生产的运行机制。《安全生产法》在其总则中，规定了国家保障安全生产的运行机制，包括如下五个方面：政府监管与指导（通过立法、执法、监管等手段）；企业实施与保障（落实预防、应急救援和事后处理等措施）；员工权益与自律（八项权益和三项义务）；社会监督与参与（公民、工会、舆论和社区监督）；中介支持与服务（通过技术支持和咨询服务等方式）。

（2）安全生产监管体制。《安全生产法》明确了我国现阶段实行的国家安全生产监管体制：国家安全生产综合监管与各级政府有关职能部门（公安消防、公安交通、煤矿监察、建筑、交通运输、质量技术监督、工商行政管理）专项监管相结合的体制。有关部门合理分工、相互协调，相应地表明了我国安全生产法的执法主体是国家安全生产综合管理部门和相应的专门监管部门。

（3）安全生产的七项基本法律制度。《安全生产法》确定了我国安全生产的七项基本法律制度：安全生产监督管理制度；生产经营单位安全保障制度；从业人员安全生产权利义务制度；生产经营单位负责人安全责任制度；安全中介服务制度；安全生产责任追究制度；事故应急救援和处理制度。

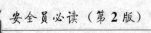

（4）安全生产的三大对策体系。《安全生产法》指明了实现我国安全生产的三大对策体系：

首先是事前预防对策体系，即要求生产经营单位建立安全生产责任制，坚持"三同时"，保证安全机构及专业人员落实安全投入、进行安全培训、实行危险源管理、进行项目安全评价、推行安全设备管理、落实现场安全管理、严格交叉作业管理、实施高危作业安全管理、保证承包租赁安全管理、落实工伤保险等。同时，加强政府监管，发动社会监督，推行中介技术支持等，都是预防策略。

其次是事中应急救援体系，要求政府建立行政区域内的重大安全事故救援体系，制订社区事故应急救援预案；要求生产经营单位进行危险源的预控，制订事故应急救援预案等。

最后是建立事后处理对策系统，包括推行严密的事故处理及严格的事故报告制度，实施事故后的行政责任追究制度，强化事故经济处罚，明确事故刑事责任追究等。

（5）生产经营单位负责人的安全生产责任。《安全生产法》对生产经营单位负责人的安全生产责任作了专门的规定：建立健全安全生产责任制；组织制定安全生产规章制度和操作规程；保证安全生产投入；督促检查安全生产工作，及时消除生产安全事故隐患；组织制定并实施生产安全事故应急救援预案；及时如实报告生产安全事故。

（6）从业人员的权利和义务。

1）《安全生产法》明确了从业人员的权利和义务。其中权利包括如下八种：

①知情权，即有权了解其作业场所和工作岗位存在的危险因素、防范措施和事故应急措施；

②建议权，即有权对本单位的安全生产工作提出建议；

③批评权和检举、控告权，即有权对本单位安全生产管理工作中存在的问题提出批评、检举、控告；

④拒绝权，即有权拒绝违章作业指挥和强令冒险作业；

⑤紧急避险权，即发现直接危及人身安全的紧急情况时，有权停止作业或者在采取可能的应急措施后撤离作业场所；

⑥依法向本单位提出要求赔偿的权利；

⑦获得符合国家标准或者行业标准劳动防护用品的权利；

⑧获得安全生产教育和培训的权利。

2）从业人员的义务为以下三种：

①自律遵规的义务，即从业人员在作业过程中，应当遵守本单位的安全生产规章制度和操作规程，服从管理，正确佩戴和使用劳动防护用品；

②自觉学习安全生产知识的义务，要求掌握本职工作所需的安全生产知识，提高安全生产技能，增强事故预防和应急处理能力；

③危险报告义务，即发现事故隐患或者其他不安全因素时，应当立即向现场安全生产管理人员或者本单位负责人报告。

（7）安全生产的四种监督方式。《安全生产法》以法定的方式，明确规定了我国安全生产的四种监督方式：第一是工会民主监督，即工会有权对建设项目的安全设施与主体工程同时设计、同时施工、同时投入生产和使用的情况进行监督，提出意见；第二是社会舆论监督，即新闻、出版、广播、电影、电视等单位有对违反安全生产法律、法规的行为进行舆论监督的权利；第三是公众举报监督，即任何单位或者个人对事故隐患或者安全生产违法行为，均有权向负有安全生产监督管理职责的部门报告或者举报；第四是社区报告监督，即居民委员会、村民委员会发现其所在区域内的生产经营单位存在事故隐患或者安全生产违法行为时，有权向当地人民政府或者有关部门报告。

（8）国家安全监督检查人员的职权和义务。国家有关安全生产监管部门的安全监督检查人员具有以下三项职权：第一是现场调查取证权，即安全生产监督检查人员可以进入生产经营单位进行现场调查，单位不得拒绝，有权向被检查单位调阅资料，向有关人员（负责人、管理人员、技术人员）了解情况。第二是现场处理权，即对安全生产违法作业当场纠正权；对现场检查出的隐患，责令限期改正、停产停业或停止使用的职权；责令紧急避险权和依法行政处罚权。第三是查封、扣押行政强制措施权，其对象是安全设施、设备、器材、仪表等；依据是不符合国家或行业安全标准；条件是必须按程序办事、有足够证据、经部门负责人批准、通知被查单位负责人到场、登记记录等，并必须在15日内做出决定。

《安全生产法》除规定了安全监管部门和监督检查人员的权利外，还明确了其要求和应尽的义务：一是审查、验收禁止收取费用；二是禁止要求被审查、验收的单位购买指定产品；三是必须遵循忠于职守、坚持原则、秉公执法的执法原则；四是监督检查时须出示有效的监督执法证件；五是对检查单位的技术秘密、业务秘密尽到保密之义务。

（9）安全生产违法责任。《安全生产法》明确了对相应违法行为的处罚方式：对政府监督管理人员有降级、撤职的行政处罚；对政府监督管理部门有责令改正、责令退还违法收取的费用的处罚；对中介机构有罚款、第三方损失连带赔偿、撤销机构资格的处罚；对生产经营单位有责令限期改正、停产停业整顿、经济罚款、责令停止建设、关闭企业、吊销其有关证照、连带赔偿等处罚；对生产经营单位负责人有行政处分、个人经济罚款、限期不得担任生产经营单位的主要负责人、降职、撤职、处15日以下拘留等处罚；对从业人员有批评教育、依照有关规章制度给予处分的处罚。无论任何人，造成严重后果，构成犯罪的，依照刑法有关规定追究刑事责任。

4.《建设工程安全生产管理条例》（国务院令第393号）

《建设工程安全生产管理条例》（以下简称《条例》）是在《建筑法》《安全生产法》颁布实施后制定的第一部在建设工程安全生产方面的配套性行政法规，是针对工程建设中存在：建设各方主体安全责任不够明确，建设工程安全生产投入不足，监督管理制度不健全以及安全生产事故应急救援制度不健全而制定的。

（1）确立了建设工程安全生产的基本管理制度。《条例》明确了政府部门的安全生产监管制度，包括依法批准开工报告的建设工程和拆除工程备案制度；三类人员考核任职制度；特种作业人员持证上岗制度；施工起重机械使用登记制度；政府安全监督检查制度；危及施工安全的工艺、设备、材料淘汰制度；生产安全事故报告制度。同时，补充和完善了市场准入制度中施工企业资质和施工许可制度，明确规定安全生产条件作为施工企业资质必要条件，把住安全准入关。发放施工许可证时，对建设工程是否有安全施工措施进行审查把关，没有安全施工措施的，不得颁发施工许可证。

《条例》进一步明确了《建筑法》对施工企业的五项安全生产管理制度的规定，即安全生产责任制度、群防群治制度、安全生产教育培训制度、意外伤害保险制度、伤亡事故报告制度。同时，《条例》还增加了专项施工方案专家论证审查制度、施工现场消防安全责任制度、生产安全事故应急救援制度等。

《条例》对建设、勘察、设计、监理等单位也根据其特点规定了相应的安全生产管理制度。

（2）规定了建设活动各方主体的安全责任及相应的法律责任。《条例》明确规定了建设活动各方主体应当承担的安全生产责任，即建设单位、施工单位、工程监理单位、勘察设计单位、设备材料供应单位、机械设备租赁单位。起重机械和整体提升脚手架、模板的安装、拆卸单位等其他有关单位在建设活动中应当承担的安全责任，以及在建设活动中的违法行为应当承担的法律责任。

（3）明确了建设工程安全生产监督管理体制。国务院负责安全生产监督管理的部门（国家安全生产监督管理总局）依照《安全生产法》的规定，对全国建设工程安全生产工作实施综合监督管理，对安全生产工作进行指导、协调和监督。国务院建设行政主管部门（建设部）对全国的建设工程安全生产实施监督管理，国务院有关部门按照国务院规定的职责分工，负责有关专业建设工程安全生产的监督管理，其监督管理主要体现在结合行业特点制定相关的规章制度和标准并实施行政监管上。形成统一管理与分级管理、综合管理与专门管理相结合的管理体制，分工负责、各司其职、相互配合，共同做好安全生产监督管理工作。

（4）明确了建立生产安全事故的应急救援预案制度。建设行政主管部门应当根据本级人民政府的要求，制订本行政区域内建设工程特大生产安全事故应急救援预案。

施工单位应当制订本单位生产安全事故应急救援预案，建立应急救援组织或者配备应急救援人员，配备必要的应急救援器材、设备，并定期组织演练。同时，施工单位应当制订施工现场生产安全事故应急救援预案。实行施工总承包的，由总承包单位统一组织编制建设工程生产安全事故应急救援预案，工程总承包单位和分包单位按照应急救援预案，各自建立应急救援组织或者配备应急救援人员，配备救援器材、设备，并定期组织演练。

5.《安全生产许可证条例》（国务院令第 397 号）

2004 年 1 月 13 日发布的《安全生产许可证条例》是针对安全生产高危行业市场准入的一项制度，即国家对矿山企业、建筑施工企业和危险化学品、烟花爆竹、民用爆破器材生产企业实行安全生产许可制度。企业未取得安全生产许可证的，不得从事生产活动。该条例中明确了企业取得安全生产许可证，应当具备的十三项安全生产条件：

（1）建立、健全安全生产责任制，制定完备的安全生产规章制度和操作规程；

（2）安全投入符合安全生产要求；

（3）设置安全生产管理机构，配备专职安全生产管理人员；

（4）主要负责人和安全生产管理人员经考核合格；

（5）特种作业人员经有关业务主管部门考核合格，取得特种作业操作资格证书；

（6）从业人员经安全生产教育和培训合格；

（7）依法参加工伤保险，为从业人员缴纳保险费；

（8）厂房、作业场所和安全设施、设备、工艺符合有关安全生产法律、法规、标准和规程的要求；

（9）有职业危害防治措施，并为从业人员配备符合国家标准或者行业标准的劳动防护用品；

（10）依法进行安全评价；

（11）有重大危险源检测、评估、监控措施和应急预案；

（12）有生产安全事故应急救援预案、应急救援组织或者应急救援人员，配备必要的应急救援器材、设备；

（13）法律、法规规定的其他条件。

第二章

建筑施工安全策划及安全技术文件编制

一、建立施工项目安全管理目标及目标体系

1. 施工项目安全管理目标

施工项目安全管理目标是在施工过程中，安全工作所要达到的预期效果。工程项目实施施工总承包的，由总承包单位负责制定。

（1）制订安全目标时应考虑的因素。

1）上级机构的整体方针和目标；

2）危险源和环境因素识别、评价和控制策划的结果；

3）适用法律法规、标准规范和其他要求；

4）可以选择的技术方案；

5）财务、运行和经营上的要求；

6）相关方的意见。

（2）安全目标的内容。

1）杜绝重大伤亡、设备、管线、火灾和环境污染事故；

2）一般事故频率控制目标；

3）安全标准化工地创建目标；

4）文明工地创建目标；

5）遵循安全生产、文明施工方面有关法律法规和标准规范以及对员工和社会要求的承诺；

6）其他须满足的总体目标。

（3）安全目标制定的要求。

1）制定的目标要明确、具体，具有针对性；针对项目经理部各层次，目标要进行分解；目标应可量化；

2）技术措施及可选技术方案；

3）责任部门及责任人；

4）完成期限。

（4）安全管理目标控制指标。施工项目安全管理目标应实现重大伤亡事故为零的目标，以及其他安全目标指标：控制伤亡事故的指标（死亡率、重伤率、千人负伤率、经济损失额等）、控制交通安全事故的指标（杜绝重大交通事故、百车次肇事率等）、尘毒治理要求达到的指标（粉尘合格率等）、控制火灾发生的指标等。

2. 施工项目安全管理目标体系

（1）施工项目总安全目标确定后，还要按层次进行安全目标分解到岗、落实到人，形成安全目标体系。即施工项目安全总目标；项目经理部下属各单位、各部门的安全指标；施工作业班组安全目标；个人安全目标等。

（2）在安全目标体系中，总目标值是最基本的安全指标，而下一层的目标值应略高些，以保证上一层安全目标的实现。如项目安全控制总目标是实现重大伤亡事故为零；中层的安全目标就应是除此之外还要求重伤事故为零；施工队一级的安全目标还应进一步要求轻伤事故为零；班组一级要求险肇事故为零。

（3）施工项目安全管理目标体系应形成为全体员工所理解的文件，并实施保持。

二、制定安全生产策划

1. 安全生产策划的内容

针对工程项目的规模、结构、环境、技术方案、施工风险和资源配置等因素进行安全生产策划，策划的内容包括：

（1）配置必要的设施、装备和专业人员，确定控制和检查的手段、措施。

（2）确定整个施工过程中应执行的文件、规范。如脚手架工程、高空作业、机械作业、临时用电、动用明火、沉井、深挖基础施工和爆破工程等作业规定。

（3）确定冬季、雨季、雪天和夜间施工时的安全技术措施及夏季的防暑降温工作。

（4）对危险性较大的分部分项工程要制订安全专项施工方案；对于超出一定规模的危险性较大的分部分项工程，应当组织专家对专项方案进行论证。

（5）因工程项目的特殊需求所补充的安全操作规定。

（6）制定施工各阶段具有针对性的安全技术交底文本。

（7）制定安全记录表格、确定收集、整理和记录各种安全活动的人员和职责。

2. 安全生产管理机构及人员

专职安全生产管理人员，主要负责安全生产，进行现场监督检查；发现安全事故隐患向项目负责人和安全生产管理机构报告；对于违章指挥、违章作业的，立即制止。

项目经理部，应建立以项目经理为组长的安全生产管理小组，按工程规模设安全生产管理机构或配专职安全生产管理人员。

班组设兼职安全员，协助班组长进行安全生产管理。

3. 安全生产责任体系

（1）项目经理为项目经理部安全生产第一责任人。

（2）分包单位负责人为单位安全生产第一责任人，负责执行总包单位安全管理规定和法规，组织本单位安全生产。

（3）作业班组负责人作为本班组或作业区域安全生产第一负责人，贯彻执行上级指令，保证本区域、本岗位安全生产。

4. 安全生产资金策划

施工现场安全生产资金主要包括：

（1）施工安全防护用具及设施的采购和更新的资金；

（2）安全施工措施的资金；

（3）改善安全生产条件的资金；

（4）安全教育培训的资金；

（5）事故应急措施的资金。

由项目经理部制定安全生产资金保障制度，落实、管理安全生产资金。

5. 安全生产管理制度

安全生产管理制度主要包括：

（1）安全生产许可证制度；

（2）安全生产责任制度；

（3）安全生产教育培训制度；

（4）安全生产资金保障制度；

（5）安全生产管理机构和专职人员制度；

（6）特种作业人员持证上岗制度；

（7）安全技术措施制度；

（8）专项施工方案专家论证审查制度；

（9）施工前详细说明制度；

（10）消防安全责任制度；

（11）防护用品及设备管理制度；

（12）起重机械和设备实施验收登记制度；

（13）三类人员考核任职制度；

（14）意外伤害保险制度；

（15）安全事故应急救援制度；

（16）安全事故报告制度。

三、制订施工项目安全生产保证计划

1. 施工项目安全保证计划的主要内容

根据安全生产策划的结果，编制施工项目安全保证计划，主要是规划安全生产目标，确定过程控制要求，制定安全技术措施，配备必要资源，确保安全保证目标实现。它充分体现了施工项目安全生产必须坚持"安全第一、预防为主"的方针，是生产计划的重要组成部分，是改善劳动条件，搞好安全生产工作的一项行之有效的制度，其主要内容如下。

（1）项目经理部应根据项目施工安全目标的要求，配置必要的资源以确保施工安全保证目标的实现。危险性较大的分部分项工程要制订安全专项施工方案并采取安全技术措施。

（2）施工项目安全保证计划应在项目开工前编制，经项目经理批准后实施。

（3）施工项目安全保证计划的内容主要包括工程概况、控制程序、控制目标、组织结构、职责权限、规章制度、资源配置、安全措施、检查评价、奖惩制度等。

（4）施工平面图设计是项目安全保证计划的一部分，设计时应充分考虑安全、防火、防爆、防污染等因素，满足施工安全生产的要求。

（5）项目经理部应根据工程特点、施工方法、施工程序、安全法规和标准的要求，采取可靠的技术措施，消除安全隐患，保证施工安全和周围环境的保护。

（6）对结构复杂、施工难度大、专业性强的项目，除制订项目总体安全保证计划外，还须制定单位工程或分部、分项工程的安全施工措施。

（7）对高空作业、井下作业、水上作业、水下作业、深基础开挖、爆破作业、脚手架上作业、有害有毒作业、特种机械作业等专业性强的施工作业，以及从事电气、压力容器、起重机、金属焊接、井下瓦斯检验、机动车和船舶驾驶等特殊工种的作业，应制订单项安全技术方案和措施，并应对管理人员和操作人员的安全作业资格和身体状况进行合格审查。

（8）安全技术措施是为防止工伤事故和职业病的危害，从技术上采取的措施，应包括防火、防毒、防爆、防洪、防尘、防雷击、防触电、防坍塌、防物体打击、防机械伤害、防溜车、放高空坠落、防交通事故、防寒、防暑、防疫、防环境污染等方面的措施。

（9）实行总分包的项目，分包项目安全计划应纳入总包项目安全计划，分包人应服从承包人的管理。

2. 施工项目安全保证计划的实施

施工项目安全保证计划实施前，应按要求上报，经项目业主或企业有关负责人确认审批，后报上级主管部门备案。执行安全计划的项目经理部负责人也应参与确认。主要是确认安全计划的完整性和可行性；项目经理部满足安全保证的能力；各级安全生产岗位责任制和与安全计划不一致的事宜都是否解决等。

施工项目安全保证计划的实施主要包括项目经理部制定建立安全生产管理措施和组织系统、执行安全生产责任制、对全员有针对性地进行安全教育和培训、加强安全技术交底等工作。

四、编制安全专项施工方案

1. 编制依据

为了保证《中华人民共和国安全生产法》《中华人民共和国建筑法》及有关建设工程质量、安全技术标准、规范的切实落实，加强建筑工程项目的质量安全生产监督管理，保障人民群众生命财产的安全，依据《建设工程安全生产管理条例》和《危险性较大工程安全专项施工方案编制及专家论证审查办法》（建质〔2004〕213号）（危险性较大工程是指依据《建设工程安全生产管理条例》第二十六条所指的七项分部分项工程，并要求在施工前单独编制安全专项施工方案并经专家论证审查通过），编制一份合理完善的危险性较大工程安全专项施工方案是非常重要的。

2. 适用范围

本书所阐述的危险性较大工程安全专项施工方案编制方法及实例，适用于工业与民用建筑和市政基础设施的新建、改建、扩建和拆除等活动中的七项分部分项工程，这七项分部分项工程是指：基坑支护与降水工程；土方开挖工程；模板工程；起重吊装工程；脚手架工程；拆除、爆破工程；其他危险性较大的工程。

3. 安全专项施工方案编制程序

编制程序如图2-1所示。

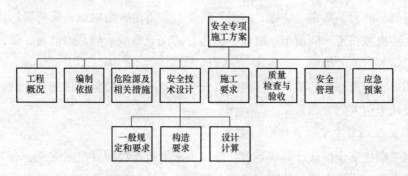

图2-1 安全专项施工方案编制程序

4. 安全专项施工方案编制审查程序

(1) 安全专项施工方案由建筑施工企业专业工程技术人员编制，施工企业技术负责人审查签字后，提交监理单位审查；监理单位由专业监理工程师初审，监理单位总监理工程师审查签字，即初审完成；再经工程安全、质量监督部门认可的专家论证会论证，依据专家论证会论证并提出意见和建议。安全专项施工方案必须依据专家论证会的意见和建议修改完善后方可实施。

(2) 安全专项施工方案是施工组织设计不可缺少的组成部分，它应是施工组织设计的细化、完善、补充，且自成体系。安全专项施工方案应重点突出分部分项工程的特点、安全技术的要求、特殊质量的要求，重视质量技术与安全技术的统一。

(3) 安全专项施工方案的内容主要包括：

1) 编制依据，分部分项工程概况；

2) 影响质量、安全的危险源分析及相关措施；

3) 设计计算书和设计施工图等设计文件；

4) 施工准备和部署，质量检测和相关观测预警措施，现场平面布置图；

5) 应急预案；

6) 安全专项工程安全检查和评价方法。

(4) 专项分部分项工程安全评价，依据《施工企业安全生产评价标准》

(JGJ/T 77—2010) 执行。

(5) 建筑施工企业应组织专家进行论证审查的工程。

1) 深基坑工程。开挖深度超过 5m（含 5m）或地下室三层以上（含三层），或深度虽未超过 5m（含 5m），但地质条件和周围环境及地下管线极其复杂的工程。

2) 地下暗挖工程。地下暗挖及遇有溶洞、暗河、瓦斯、岩爆、涌泥、断层等地质复杂的隧道工程。

3) 高大模板工程。水平混凝土构件模板支撑系统高度超过 8m，或跨度超过 18m，施工总荷载大于 $10kN/m^2$，或集中线荷载大于 $15kN/m^2$ 的模板支撑系统。

4) 30m 及以上高空作业的工程。

5) 大江、大河中深水作业的工程。

6) 城市房屋拆除爆破和其他土石大爆破工程。

(6) 建筑施工企业自审查程序及专家论证审查办法。

1) 建筑施工企业对安全专项施工方案的自审查程序如图 2-2 所示。

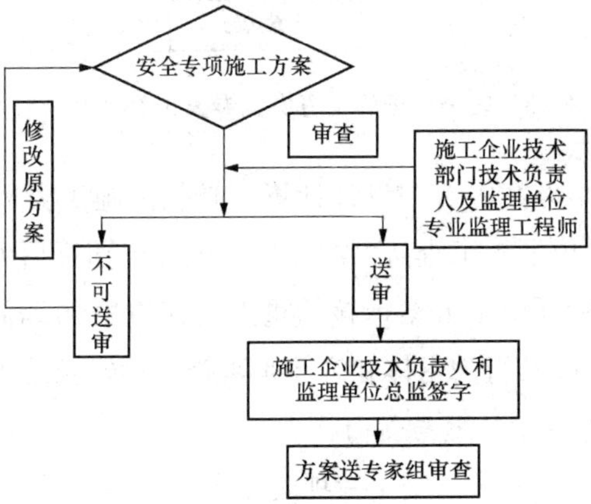

图 2-2　建筑施工企业对安全专项施工方案的自审查程序

2) 安全专项施工方案专家论证会由建筑施工企业组织，监理单位、业主、相关设计单位参加，工程安全、质量监督部门监督；建筑施工企业邀请的专家不应少于 5 人，邀请的专家应经工程安全、质量监督部门认可。

3) 安全专项施工方案专家论证会通过对安全专项施工方案的审查，应提出书面审查报告，施工企业应根据审查报告进行完善修改。经完善修改的安全专项施工方案按程序复审合格后，方可实施。

4）专家论证会书面审查报告的内容为建议性的，审查报告是安全专项方案组织施工前的必备程序，是工程验收的必备文件。

5）安全专项施工方案的专家审查和修改程序。

安全专项施工方案的专家审查和修改程序如图2-3所示。

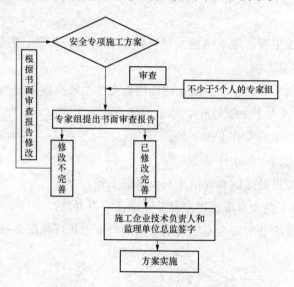

图2-3　安全专项施工方案的专家审查和修改程序

6）安全专项施工方案中有关设计计算，必须由施工方委托具有设计资质的单位设计或经设计单位复核审查认可加盖正式设计出图章后方可有效。

7）监理单位对专项施工方案审核的重点是该方案的编制、审核、组织、实施、应急措施可行性以及行为主体和客体是否符合国家及地方标准、规程。

5. 安全专项施工方案标题与封面格式

（1）标题："××工程××安全专项施工方案"，并标注"按专家论证审查报告修订"字样。

（2）封面内容设置：编制、审查、审批三个栏目，分别由编制人签字，公司技术部门负责人审核签字，公司技术负责人审批签字。

6. 安全专项施工方案编制中应重点注意的事项

（1）编制安全专项方案应将安全和质量相互联系、有机结合；临时安全措施构建的建（构）筑物与永久结构交叉部分的相互影响统一分析，防止荷载、支撑变化造成的安全、质量事故。

（2）安全措施形成的临时建（构）筑物必须建立相关力学模型，进行局部和整体的强度、刚度、稳定性验算。

（3）相互关联的危险性较大工程应系统分析，重点对交叉部分的危险源进行分析，采取相应措施。

7. 危险源分析及相关措施

（1）危险源分为第一类危险源和第二类危险源，它们均包括人、物、环境等不安全因素。危险源分析的重点是对基础沉降、荷载、爆炸等具有主动力学性能的危险源进行分析，通过设计、计算，建立临时建（构）筑物等安全预防措施，达到安全施工目的。

（2）一般常见的危险源如火、电、人员等通过采取相关管理、预防措施杜绝事故发生。

8. 应急预案

一般包括预案使用范围，重特大事故应急处理指挥系统及组织构架等，指挥部系统职责及责任人，重特大事故报告和现场保护，应急处理预案，其他事项。具体详见"制订施工安全应急预案"的内容。

五、编制施工安全技术措施

1. 建筑工程安全技术措施的重要作用

安全技术措施在建筑安装施工安全生产中可以改善劳动条件、消除危险隐患、减少事故发生，并可能解除工人精神上的紧张状态、增加安全感、促进施工生产的发展，所以建筑企业从全局出发编制年度或长期的安全技术、劳动保护措施计划和各分项工程安全技术措施，通过安全技术措施计划的编制，可使职工参加劳动保护管理工作，保证安全生产，提高生产效率。

2. 编制安全技术措施的重要意义

建筑企业项目经理部应针对项目的规模、结构、特点、环境、技术含量、施工风险，特别是重大风险以及资源配置等因素进行施工安全策划，编制具体化、有针对性的施工安全技术措施。风险控制应遵循"消除、预防、减少、隔离、个体保护"的原则。对可承受的风险要在防护上、技术上和管理上采取相应的措施，并不断监测防止其超出可承受范围。施工安全技术措施，即"技术的安全措施"，是保证施工现场安全和作业安全，防止事故和职业病危害，从技术上采取的措施，也就是说为安全而采用的技术措施，是施工组织设计（施工方案）的重要组成部分，在建筑工程安全生产过程中，具有重要意义。

3. 施工安全技术措施的主要内容

通常情况下常见的工程项目大致分为两种：一是常见的结构共性较多的，称为一般工程；二是结构比较复杂、施工特点较多的，称为特殊工程。对于一般工程，通常编制常规安全技术措施；而对于结构复杂、危险性大、特性较多、施工复杂的特殊工程，应编制专项的安全措施。编制专项安全施工方案或安全技术措施，要有设计依据，有计算、有详图、有文字要求。另外，由于建筑产品生产过程中受到地理环境、气候条件等外界因素影响较大，所以在施工过程就要考虑不同季节的气候对施工生产带来的不安全因素，及其可能造成各种突发性事故，从防护上、技术上、管理上采取相应的措施。一般建筑工程可在施工组织设计或施工方案的安全技术措施中，编制季节性施工安全措施；特殊工程如危险性大、高温期长的建筑工程，应单独编制季节性的施工安全措施。季节性主要指暑期、冬期、雨期等方面。

建筑施工安全技术措施主要内容有：土石方开挖和架设支撑的措施；起重架、高大脚手架的负荷计算，锚固措施，架设和拆除的程序和方法；施工工程与周围通行道路及民房防护隔离栅的设置措施；高于周围避雷设施的金属构筑物的防雷措施等；电气设备保护接地接零的办法和技术要求；原有建筑物、构筑物拆除的程序和方法；脚手架施工时架设安全的程序、方法；多层交叉作业隔离措施的设置方法；吊装工程高空作业系安全挂绳方法；易燃、易爆物品安全注意事项；施工机具制动装置的技术要求。

针对一般工程和特殊工程所编制的安全技术措施的侧重点有所不同，具体体现于以下几个方面。

（1）一般工程安全技术措施。内容主要包括：高处作业的上下安全通道；防火、防毒、防爆、防雷等安全；场内运输道路及人行通道的布置；建筑围挡封闭、安全网的架设措施方法；桩基、土方、地下室工程防土方塌方、位移；在建工程与周围人行通道及民房的防护隔离设置；垂直运输设备的设置搭设要求、稳定性、安全装置；洞口及临边的防护方法和立体交叉施工作业区的隔离措施；脚手架、吊篮、工具式脚手架等选用及设计搭设方案和安全防护措施；施工临时用电的组织设计和临时用电安全方案等。

（2）特殊工程安全技术措施。内容主要包括爆破施工、起重吊装作业、沉箱、沉井、烟囱、水塔、各种特殊架设作业、脚手架工程、施工用电、基坑支护、模板工程、塔吊、物料提升机及其他垂直运输设备和拆除工程等。

（3）季节性施工安全技术措施。主要包括：暑期施工安全措施（防暑降温）；

雨期施工安全措施（防触电、防雷、防坍塌和防台风）；冬期施工安全措施（防风、防火、防滑、防煤气中毒）等。

4. 施工安全技术措施的编制要点

（1）安全技术措施的编制依据。施工安全技术措施的编制，必须依据国家颁布的有关劳动保护法规、政策及相应的施工方法、劳动组织、场地环境、气候条件等主客观条件和相应的安全法规、标准。

（2）安全技术措施的编制时间。施工安全技术措施的编制，要在开工前进行，并要经过上级部门审批，应有较充分的时间做准备，保证各种安全设施的落实。对于在施工过程中各工程部位发生变更等情况变化，安全技术措施也必须及时相应补充完善，并做好审批手续。

（3）专项安全技术措施的编制。施工安全技术措施是所有的建筑工程的施工组织设计（施工方案）不可缺少的组成部分。对于结构复杂、施工特性多的特殊工程，如吊装、爆破、水下、深坑、支模、拆除等，除采用一般的安全技术措施外，还须编制单项安全技术措施。

（4）施工安全技术措施的针对性。编制安全技术措施的人员，要深入施工现场，进行认真调查，掌握第一手资料，是编制安全技术措施的必要条件，一定要有针对性。针对不同的施工方法，如立体交叉作业、滑模、网架整体提升吊装、大模板施工等可能给施工带来不安全因素，从安全技术上采取措施，保证安全施工；针对工程项目的特殊需求，补充相应的安全操作规程或措施；针对施工场地及周围环境可能给施工人员或周围居民带来的危害，以及材料、设备运输带来的困难和不安全因素，从安全技术上采取措施，给予保证；针对使用的各种机械设备、变配电设施给施工人员可能带来的危险因素，从安全保障装置等方面采取安全技术措施加以防范；针对不同工程的特点可能造成施工的危害，从安全技术上采取措施，消除危险，保证施工安全；针对施工中有毒、有害、易爆、易燃等作业可能给施工人员造成的危害，从安全技术上采取防护措施，防止伤害事故；针对采用新工艺、新技术、新设备、新材料施工的特殊性制订相应的安全技术措施。安全技术措施要与主体工程同步计划、同步实施。

（5）施工安全技术措施的可操作性及指导性。安全技术措施应根据工程实际情况而制定，力求具体明确，切实可行。对施工各专业、工种、施工各阶段、交叉作业等编制有针对性的安全技术措施，力求细致、全面、具体；施工总平面布置的安全技术要求应考虑建筑材料、机械设备与结构坑、槽的安全距离，加工场地、施工机械的位置应满足使用、维修的安全距离，油料及其他易燃、易爆材料库房与其他建筑物的安全距离，电气设备、变配电设备、输配电线路的位置、距离等安全要求，配置必要的消防设施、装备、器材，确定控制和检查手段、方法、措施。

5. 施工安全技术措施实施要点

（1）建立健全与经济挂钩的奖罚制度，确保安全技术措施在施工生产中落实到位。

（2）安全技术措施中的各种安全防护设施、装置的实施应列入施工任务单，责任落实到班组或个人，并实行验收制度。

（3）经批准的安全技术措施具有技术法规的作用，施工生产过程必须认真贯彻执行。遇到因条件变化或考虑不周必须变更安全技术措施内容时，应由原编制、审批人员办理变更手续，否则不能擅自变更。

（4）要认真落实安全技术措施的相关交底。工程开工前，由生产、技术负责人、编制人员将工程概况、施工方案和安全技术措施向参加施工的有关管理人员和职工进行安全技术交底。每个单项工程开始前，应进行单项工程的安全技术措施交底，使执行者了解掌握交底内容。安全交底应有书面材料，有双方的签字和交底日期。

（5）加强施工现场对安全技术措施实施情况的检查。安全部门及安全措施编制人、施工技术负责人、工长和安全员等要以施工安全技术措施为依据，以安全法规和各项安全规章制度为准则，经常对工地实施情况进行检查，并监督各项安全措施的落实。技术负责人、编制者和安全技术人员要经常深入施工现场，检查安全技术措施的实施情况，及时发现并纠正违反安全技术措施的行为、问题，必要时要对其及时补充和修改，使之更加完善、有效。

（6）宣传教育工作也是贯彻执行安全技术措施的一个方面，可针对工程进度、工种特点，采用多种形式教育方法，提醒职工注意安全生产，使职工易于接受，并能很快地付之于行动。

六、编制施工安全技术交底

1. 施工安全技术交底的编制

（1）分项、分部工程施工前，工长（施工员）向所管辖的班组进行安全技术措施交底，安全技术交底应以书面形式进行，交底到作业人员时除书面交底外，须另以口头讲解。交底人和接受交底人应履行交接签字手续。

（2）安全技术交底必须在该交底对应项目施工前进行，并应为施工留出足够的准备时间。安全技术交底不得后补，安全技术交底应及时归档。

（3）工程开工前，工程技术负责人要将工程概况、施工方法、安全技术措施等向施工组长及全体职工进行详细的书面安全技术交底，履行签认手续，并在工作过程中对安全操作规程、安全技术措施、安全技术交底要求的执行情况经常进行检查，随时发现并及时纠正违章作业，杜绝违章指挥。

（4）班组长要在施工生产过程中认真落实安全技术交底，每天要对工人进行施工要求、作业环境的安全交底。

（5）两个以上施工队或工种配合施工时，工长（施工员）要按工程进度向班组长进行交叉作业的安全技术交底，履行签认手续。

（6）安全技术交底应根据施工过程的变化，及时补充新内容。施工方案、方法改变时也要及时进行重新交底。

（7）分包单位应负责其分包范围内安全技术交底资料的收集整理，并应在规定时间内向总包单位移交。总包单位负责对各分包单位安全技术交底工作进行监督检查。

2. 安全技术交底的分类及内容

安全技术交底主要分为建筑工程施工现场各岗位工种安全技术交底、各分项（部）工程施工操作安全技术交底、施工机械（具）操作安全技术交底等。另外，针对采用新工艺、新技术、新设备、新材料施工的特殊项目，须结合建筑施工有关安全防护技术进行单独交底。就安全技术交底内容而言，除各操作人员及各施工流程常规防护措施外，还应包含照明及小型电动工机具防触电措施，梯子及高凳防滑措施；易燃物防火及有毒涂料、油漆等防护措施，立体交叉作业防护措施等内容。

3. 安全技术交底记录实施

（1）安全技术交底人进行书面交底后应保存安全技术交底记录和交底人与所有接受交底人员的签字。

（2）安全技术交底完成后，交到项目安全员处，由安全员负责整理归档。

（3）交底人及安全员应在施工生产过程中随时对安全技术交底的落实情况进行检查，发现违章作业应立即采取相应措施。

（4）安全技术交底记录应一式三份，分别由交底人、安全员、接受交底人留存。

七、制订施工安全应急预案

工程项目经理部应针对可能发生的事故制订相应的应急救援预案，准备应急救援的物资，并在事故发生时组织实施，防止事故扩大，以减少与之有关的伤害和不利环境影响。

1. 突发事故应急救援的要求

（1）施工现场安全事故应急救援的基本任务。施工现场各类事故应急救援的总目标是通过有效的应急救援行动，尽可能地降低事故的后果，包括人员伤亡、财产损失和环境破坏等。安全事故应急救援的基本任务如图 2-4 所示。

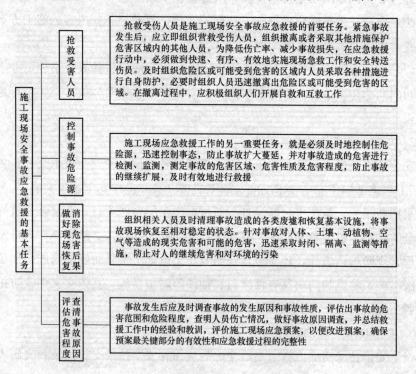

图 2-4 安全事故应急救援的基本任务

（2）施工现场应急准备和响应遵循的原则。

1）应急准备遵循的原则。

①项目经理部在举行大型活动前，应针对潜在的事故和紧急情况，制订相应的应急准备和响应预案。

②项目经理部必须设置消防安全管理人员，建立义务消防组织。加强业务学习和训练，增强自防自救能力。

③项目安全部门应定期组织有关人员对应急准备和响应预案进行测试和评审，测试的方法包括实际演练、计算机模拟等。其目的在于测试、评审应急预案最关键部分的有效性和应急救援预案的完整性。

④新开工工程应在开工前，制订本工程的应急准备和响应预案和保卫、消防方案。应急准备和响应预案内容必须包括：识别潜在的事故和紧急情况，识别应急期间的负责人，防止发生事故所采取的预防措施，可能发生事故现场应配备的设备器材，事故发生时的应急对策及信息传递（包括与外部应急服务机构、社区公众的信息连接及沟通），至关重要的记录和相应设备的保护等。

⑤项目经理部应根据作业场所、储存坏境等方面的不同，配备足够数量、种类的应急设备。应急设备定期测试，做好标记，以确保其持续可操作性。应急设备包括消防设备；报警系统；人员逃生工具；应急通信设备；应急照明和动力；人员安全避难所；危急隔离阀、开关和断流器；急救设备（包括应急喷淋等）。

2）应急响应遵循的原则。

①紧急事故发生后，发现人立即报警。

②向内部报警须报告出事地点、情况、报警人姓名。

③向外部报警须详细报告出事地点、单位、电话、事态现状及报告人姓名、单位、地址、电话等。

（3）施工现场事故应急救援体系的基本构成。

施工现场应急救援体系其应急模式基本是一致的，但是由于潜在的重大事故形态及安全风险多种多样，对于同一类事故灾难在不同发生时间和地点所采取的应急救援措施可能千差万别。所以，建立现场应急救援体系，应贯彻顶层设计和系统论的思想，以事件为中心，以功能为基础，分析和明确应急救援工作的各项需求，在应急能力评估和应急资源统筹安排的基础上，科学地建立规范化、标准化的应急救援体系，保障各级应急救援体系的统一和协调。一个完整的应急体系主要由组织体制、运作机制、法制基础和应急保障系统四部分构成。

1）组织体制。应急救援体系组织体制建设中的救援队伍应由专业和志愿人员组成；应急指挥是在应急预案启动后，负责应急救援活动场外与场内指挥；功能部门包括与应急活动有关的各类组织机构，如消防、医疗机构等；管理机构是指维持应急日常管理的负责部门。

2）运作机制。应急运作机制主要由统一指挥、分级响应、属地为主和公众动员这四个基本机制组成。应急机制与应急救援活动的应急准备、初级反应、扩大应急和应急恢复四个阶段的应急活动密切相关。

3）法制基础。法制建设是应急体系的基础和保障，也是开展各项应急活动的依据，与应急有关的法律法规包括：与应急救援活动直接有关的标准或管理办法等，包括预案在内的以政府令形式颁布的政府法令、规定等；由政府颁布的规章，如应急救援管理条例等；由立法机关通过的法律，如紧急状态法、公民知情权法和紧急动员法等。

4）保障系统。

①人力资源保障。包括专业队伍的加强、志愿人员以及其他有关人员的培训教育。

②应急财务保障。应建立专项应急科目，如应急基金等，以保障应急管理运行和应急反应中各项活动的开支。

③物资装备保障。物资与装备不但要保证有足够的资源，而且还要实现快速、及时供应到位。

④信息与通信保障。构筑集中管理的信息通信平台是应急体系最重要的基础建设。应急信息通信系统要保证所有预警、报警、警报、报告、指挥等活动的信息交流快速、顺畅、准确，以及信息资源共享。

（4）现场突发事故的应急管理过程。

1）事故的预防。

①避免事故发生的预防工作。通过安全管理和安全技术手段，尽可能地防止事故的发生，实现本质安全。

②防止事故扩大蔓延的预防工作。如加大建筑物的安全距离、施工现场平面布置的安全规划、减少危险物品的存量、设置防护墙以及开展安全教育等，在假定事故必然发生的前提下，通过预先采取的预防措施，达到防止事故扩大蔓延，降低或减缓事故的影响或后果的严重程度。从长远看，低成本、高效率的预防措施是减少事故损失的关键。

2）事故应急准备。施工现场安全事故应急准备是针对可能发生的各类安全事故，为迅速有效地开展应急行动而预先所做的各种准备，包括应急体系的建立、有关部门和人员职责的落实、预案的编制、应急队伍的建设、应急设备（施）与物资的准备和维护、预案的演练、与外部应急力量的衔接等，其目标是保持重大事故应急救援所需的各种应急能力。应急准备是应急管理过程中一个极其关键的过程。

3）事故应急响应。应急响应的主要目标是尽可能地抢救受害人员，保护可能受威胁的人群，尽可能控制并消除事故。现场各类事故应急响应的任务是当各类事故发生后立即采取报警与通报、组织人员紧急疏散、现场急救与医疗、消防和工程抢险措施、信息收集与应急决策和外部求援等应急与救援相关的行动。

4）现场恢复。在事故发生并经相关部门的相应处理之后，应立即进行恢复工作；进行事故损失评估、原因调查、清理废墟等，使事故影响区域恢复到相对安全的基本状态，然后逐步恢复到正常状态；恢复工作中，应注意避免出现新的紧急情况，应汲取事故和应急救援的经验教训，开展进一步的预防工作和减灾行动。

（5）突发事故应急救援体系响应程序。

事故应急救援系统的应急响应程序可分为接警、响应级别确定、应急启动、救援行动、应急恢复和应急结束等几个过程。

1）接警与响应级别确定。接到事故报警后，按照工作程序，对警情做出判断，初步确定相应的响应级别。如果事故不足以启动应急救援体系的最低响应级别，响应关闭。

2）应急启动。应急响应级别确定后，按所确定的响应级别启动应急程序，如通知应急中心有关人员到位、开通信息与通信网络、通知调配救援所需的应急资源（包括应急队伍和物资、装备等）、成立现场指挥部等。

3）救援行动。有关应急队伍进入事故现场后，迅速开展事故侦测、警戒、疏散、人员救助、工程抢险等有关应急救援工作，专家组为救援决策提供建议和技术支持。当事态超出响应级别无法得到有效控制时，向应急中心请求实施更高级别的应急响应。

4）应急恢复。救援行动结束后，进入临时应急恢复阶段。该阶段主要包括现场清理、人员清点和撤离、警戒解除、善后处理和事故调查等。

5）应急结束。执行应急关闭程序，由事故总指挥宣布应急结束。

2. 应急预案的编制

应急预案的编制应与安保计划同步编写。根据对危险源与不利环境因素的识别结果，确定可能发生的事故或紧急情况的控制措施失效时所采取的补充措施和抢救行动，以及针对可能随之引发的伤害和其他影响所采取的措施。

应急预案是规定事故应急救援的工作的全过程。

应急预案适用于项目部施工现场范围内可能出现的事故或紧急情况的救援和

处理。

（1）应急预案中应明确：应急救援组织、职责和人员的安排，应急救援器材、设备的准备和平时的维护保养。

（2）在作业场所发生事故时，如何组织抢救，保护事故现场的安排，其中应明确如何抢救，使用什么器材和设备。

（3）应明确内部和外部联系的方法、渠道，根据事故性质，规定由谁及在多长时间内向企业上级、政府主管部门和其他有关部门上报、需要通知有关的近邻及消防、救险、医疗等单位的联系方式。

（4）工作场所内全体人员如何疏散的要求。

3. 应急预案的组织要求

（1）应急救援组织和人员安排，应急救援器材、设备的配备与维护，应急组织机构如图2-5所示。

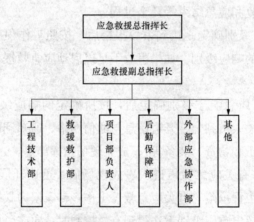

图2-5　应急救援组织机构图

（2）在作业场所发生事故时，保护现场、组织抢救的安排，其中应明确如何抢救，使什么器材、设备。

（3）建立内部和外部联系的方法、渠道，根据事故性质，按规定在相应期限内报告上级、政府主管部门和其他有关部门，通知有关的近邻及消防、救险、医疗等单位。

（4）作业场所内全体人员的疏散方案。

4. 应急救援指挥流程

应急救援指挥流程，如图2-6所示。

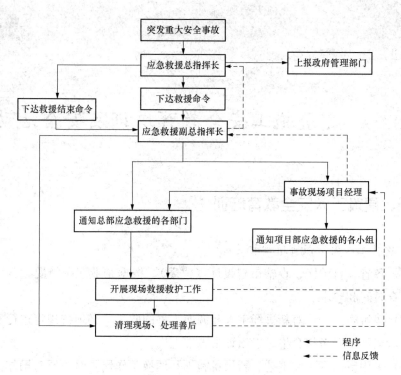

图 2-6　重大安全事故应急救援指挥流程

5. 应急预案的审核和确认要求

由施工现场项目经理部的上级有关部门，对应急预案的适宜性进行审核和确认。

第三章

建筑施工安全教育培训及安全活动

一、建筑工人安全教育培训

1. 建筑工人安全教育培训相关规定

（1）各省、自治区、直辖市建设厅（建委），根据企业职工情况，分别规定安全教育时间和要求。

（2）建筑施工企业对新进场工人和调换工种的职工，必须按规定进行安全教育和技术培训，经考核合格，发给证书方准上岗。

（3）采用新技术、新工艺、新设备施工和调换工作岗位时，要对操作人员进行新技术操作和新岗位的安全教育，未经教育不得上岗操作。

（4）要定期培训企业各级领导干部和安全干部，其中施工队长，工长（施工员）、班组长是安全教育的重点。

（5）电工、焊工、架子工、司炉工、爆破工、机械操作工及起重工、打桩机和各种机动车辆司机等特殊工人除进行一般安全教育外，还要经过本工种的安全技术教育，经考核合格发证后，方准独立操作；每年还要进行一次复审。对从事有尘毒危害作业的工人，要进行尘毒危害和防治知识教育。

2. 新工人三级安全教育

新进公司职工（包括新调入人员、实习生、代培人员等）及新入场工人必须进行三级安全教育，并经考试合格后方可上岗。

（1）一级（公司级）安全教育，时间应不少于 15h，其教育内容包括：

1）职业安全卫生有关知识；

2）国家有关安全生产法令、法规和规定；

3）本公司和同类型企业的典型事故及教训；

4）本公司的性质、生产特点及安全生产规章制度；

5）安全生产基本知识、消防知识及个体防护常识。

（2）二级（项目级）安全教育，时间应不少于15h，其教育内容包括：

1）本单位概况，施工生产或工作特点，主要设施、设备的危险源和相应的安全措施和注意事项；

2）本单位安全生产实施细则及安全技术操作规程；

3）安全设施、工具、个人防护用品、急救器材、消防器材的性能和使用方法等；

4）以往的事故教训。

（3）三级（班组级）安全教育，时间应不少于20h，由班长或班组安全员负责教育，可采取理论了解和实际操作相结合的方式进行，新工人经班组安全教育考核合格后，方可指定师傅带领进行工作或学习。其教育内容包括：

1）本岗位（工种）安全操作规程；

2）发现紧急情况时的急救措施及报告方法；

3）本岗位（工种）的施工生产程序及工作特点和安全注意事项；

4）本岗位（工种）设备、工具的性能和安全装置、安全设施、安全监测、监控仪器的作用，防护用品的使用和保管方法。

三级安全教育、考试、考核情况，要逐级填写在三级安全教育卡片上，建立安全教育档案。三级安全教育完毕，经公司安全管理部门审核后，方可准许发放劳动保护用品和本工种所享受的劳保待遇。未经三级安全教育或考试不合格，不得分配工作，否则由此而发生的事故由分配及接受其工作的单位领导负责。

3. 特种作业人员安全培训

（1）直接从事对操作者本人，尤其对他人和周围设施的安全有重大危害因素的作业者通称为特种作业人员，如起重工、电焊工、架子工、司机等。

（2）特种作业人员必须具备的基本条件如下。

1）年满十八周岁。

2）初中以上文化程度。

3）工作认真负责，遵章守纪。

4）身体健康，无妨碍从事本工种作业的疾病和生理缺陷。

5）按上岗要求的技术业务理论考核和实际操作技能考核成绩合格。

（3）考核与发证。

1）经考核成绩合格者，发给"特种作业人员操作证"；不合格者，允许补考一次。补考仍不合格者，应重新培训。

2）考核与发证工作，由特种作业人员所在单位负责组织申报，地、市级劳动行政主管部门负责实施。

3）离开特种作业岗位一年以上的特种作业人员，须重新进行安全技术考核，合格者方可从事原作业。

4）考核内容严格按照《特种作业人员安全技术培训考核大纲》进行。考核包括安全技术理论考试与实际操作技能考核，以实际操作技能考核为主。

（4）复审及其他。

1）劳动行政主管部门及特种作业人员所在单位，均须建立特种作业人员的管理档案。

2）取得"特种作业人员操作证"者，每两年进行一次复审。未按期复审或复审不合格者，其操作证自行失效。复审由特种作业人员所在单位提出申请，由发证部门负责审验。

3）项目部将已培训合格的特种作业人员登记造册，并报公司。特种作业和机械操作人员的安全培训，由分公司企管部负责。参加专业性安全技术教育和培训，经考核合格取得市级以上劳动行政主管部门颁发的"特种作业人员操作证"后，方可独立上岗作业。

4. 外包单位及外来人员安全教育

（1）外包人员入场作业前必须接受入场安全教育，并经考核合格后方可入场使用。安全教育内容主要包括本单位施工生产特点、入场须知，所从事工作的性质、注意事项和事故教训等。

（2）对外包单位的安全教育，由使用单位安全部门负责，受教育时间不得少于8h，并在工作中指定专人负责管理和检查。

（3）对外借人员的安全教育，由用工单位负责，经考核后，方能允许进入现场施工。

（4）对进入施工现场参观人员的安全教育，由项目负责人负责；其教育内容为有关项目的安全规定及安全注意事项，并安排专人陪同。

二、项目施工安全生产宣传教育

1. 经常性安全生产宣传教育

经常性安全生产教育形式可采用安全活动日、班前班后会、各种安全会议、安全技术交底、广播、黑板报、标语、简报、电视、播放录像等，结合公司生产、施工任务开展安全生产经常性教育。

（1）经常性安全生产宣传。

1）宣传安全生产经验，树立搞好安全生产的信心，克服"事故难免论"。

2）宣传"安全生产，人人有责"，动员全体职工人人重视、人人动手安全生产和文明施工。

3）宣传党和政府十分重视劳动保护工作，体现党和政府对劳动者的无限关怀，激发职工的工作积极性。

4）宣传安全生产在政治上和经济上的重大意义，使每名职工能时刻重视安全生产工作，牢固树立"安全第一"的思想。

5）教育职工克服麻痹思想，克服安全生产工作"重视主体工程，忽视收尾工程"，"重视高大危险工程，忽视一般工程"的错误倾向。

6）宣传"生产必须安全，安全为了生产"的关系，使职工懂得不重视安全生产，会给企业、劳动者本人以及社会、家庭带来损失与不幸。

7）教育职工尊重科学，按客观规律办事，不违章指挥，不违章作业，使职工认识到安全生产规章制度是长期实践经验的总结，有的甚至付出了血的代价，要自觉地学习规程，执行规程。

（2）经常性安全教育知识。

1）安全标准、制度等知识。

2）经常性安全教育的主要内容。

3）防触电和触电后急救知识。

4）防尘、防毒、防电光伤眼等基本知识。

5）安全法制知识教育，增强安全法制观念，严格按章办事，领导不违章指挥，工人不违章作业。

6）脚手架、吊篮安全使用知识，如不准随意拆除架子或吊篮的任何杆件和部件。

7）防止起重伤害事故基本知识，如严格安全纪律，不准随意乱开动起重机械，不准随意乘坐起重装置升降，不准乘坐井架、龙门架、吊笼等。

（3）经常性安全生产宣传教育的形式。经常性安全生产宣传教育的形式多种多样，应贯彻及时性、严肃性、真实性，做到简明、醒目，避免恐怖形象。既要有批评，也要有表扬，不仅要指出什么是错误的，同时也应指出怎样才是正确的。具体形式有：

1）举办事故分析会；

2）举办安全保护广播；

3）举办安全保护展览；

4）举办劳动保护讲座；

5）举办安全生产训练班；

6）举办安全保护报告会；

7）建立安全保护教育室；

8）举办安全保护文艺演出；

9）放映安全保护幻灯片或电影；

10）书写安全标志和标语口号；

11）办安全保护黑板报、宣传栏；

12）印发安全保护简报、通报等；

13）张贴悬挂安全保护挂图或宣传画；

14）组织家属做职工安全生产思想工作；

15）施工现场入口处的安全纪律标牌。

2. 季节性教育

由项目部结合季节特征，凡是自然条件变化，大风、大雪、暴雨、冰冻或雷雨季节，应抓住气候变化特点，进行安全教育。

3. 节假日特殊安全教育

节假日前后，人员容易疏忽而放松安全生产，应抓住主要环节，进行安全教育。

（1）集体宿舍内严禁使用电加热器，严禁使用明火与电炉。

（2）节日期间，如果动用明火，要严格按照动火升级审批制度进行审批。

（3）工地加班加点，要思想集中，遵守安全纪律，严格做好交接班工作，严禁酒后作业。

（4）节日期间不使用的机械设备及电气设备，应切断电源、拔掉保险丝、电箱上锁；移动电具、危险物品应妥善保管。

（5）节后开工前，应认真组织对周围环境、机具设备机动车辆、现场设施进行检查，确认正常方可施工，并相应做好记录。

（6）对节日期间必须使用的机械设备、机动车辆、现场设施、防火器材等，应组织专业人员，进行一次技术状况的检查，确认良好才能使用。

4. 其他形式的安全教育

（1）新工艺、新技术、新设备、新品种投产使用前，各主管部门要写出新的安全操作规程，对岗位和有关人员进行安全教育，经考试合格后，方可从事新人岗位工作。

（2）对严重违章违纪职工，由所在单位安全部门进行单独再教育，经考察认定后，再回岗工作。

（3）对脱离操作岗位（如产假、病假、学习、外借等）六个月以上重返岗位操作者，应进行岗位复工教育。

（4）参加特殊区域、高危场所作业（如附着脚架、塔吊、升降机、高支撑模板等）的人员，在作业前，必须进行有针对性的安全教育。

（5）职工在公司内调动工作岗位变动工种（岗位）时，接受单位应对其实行二、三级安全教育，经考试合格后，方可从事新岗位工作。

5. 安全教育记录

项目经理部对新入场、转场及变换工种的施工人员必须进行安全教育，经考试合格后方可上岗作业；同时应对施工人员每年至少进行两次安全生产培训，并对被教育人员、教育内容、教育时间等基本情况进行记录，见表3-1。

表3-1　　　　　　　作业人员安全教育记录表

作业人员安全教育记录表			编号		
工程名称			主讲人		
教育主题			培训对象		
培训时间		培训地点		培训人数	
培训部门		培训学时		记录整理人	
培训内容：					
接受培训人员签名：					

三、现场施工日常安全活动与记录

1. 日常安全会议

（1）公司安全例会每季度一次，由公司质安部主持，公司安全主管经理、有关科室负责人、项目经理、分公司经理及其职能部门（岗位）安全负责人参加，总结一季度的安全生产情况，分析存在的问题，对下季度的安全工作重点做出布置。

（2）公司每年末召开一次安全工作会议，总结一年来安全生产上取得的成绩和不足，对本年度的安全生产先进集体和个人进行表彰，并布置下一年度的安全工作任务。

（3）各项目部每月召开安全例会，由其安全部门（岗位）主持，安全分管领导、有关部门（岗位）负责人及外包单位负责人参加。传达上级安全生产文件、信息；对上月安全工作进行总结，提出存在问题；对当月安全工作重点进行布置，提出相应的预防措施。推广施工中的典型经验和先进事迹，以施工中发生的事故教育班组干部和施工人员，从中吸取教训。由安全部门做好会议记录。

（4）各项目部必须开展以项目全体、职能岗位、班组为单位的每周安全日活动，每次时间不得少于2h，不得挪作他用。

（5）各班组在班前会上要进行安全讲话，预想当前不安全因素，分析班组安全情况，研究布置措施。做到"三交一清"（即交施工任务、交施工环境、交安全措施和清楚本班职工的思想及身体情况）。

（6）班前安全讲话和每周安全活动日的活动要做到有领导、有计划、有内容、有记录，防止走过场。

（7）工人必须参加每周的安全活动日活动，各级领导及部门有关人员须定期参加基层班组的安全日活动，及时了解安全生产中存在的问题。

2. 每周的安全日活动内容

（1）检查安全规章制度执行情况和消除事故隐患。

（2）结合本单位安全生产情况，积极提出安全合理化建议。

（3）学习安全生产文件、通报，安全规程及安全技术知识。

（4）开展反事故演习和岗位练兵，组织各类安全技术表演。

（5）针对本单位安全生产中存在的问题，展开安全技术座谈和攻关。

（6）讲座分析典型事故，总结经验、吸取教训，找出事故原因，制订预防措施。

（7）总结上周安全生产情况，布置本周安全生产要求，表扬安全生产中的好人好事。

（8）参加公司和本单位组织的各项安全活动。

3. 班前安全活动

班前安全活动是班组安全管理的一个重要环节，是提高班组安全意识，做到遵章守纪，实现安全生产的途径。建筑工程安全生产管理过程中必须做好此项活动。

（1）每个班组每天上班前 15min，由班长认真组织全班人员进行安全活动，总结前一天安全施工情况，结合当天任务，进行分部分项的安全交底，并做好交底记录。

（2）对班前使用的机械设备、施工机具、安全防护用品、设施、周围环境等要认真进行检查，确认安全完好，才能使用和进行作业。

（3）对新工艺、新技术、新设备或特殊部位的施工，应组织作业人员对安全技术操作规程及有关资料的学习。

（4）班组长每月 25 日前要将上个月安全活动记录交给安全员，安全员检查登记并提出改进意见之后交资料员保管。

4. 班前讲话记录

各作业班组长于每班工作开始前必须对本班组全体作业人员进行班前安全活动交底，其内容应包括：本班组安全生产须知和个人应承担的责任，以及本班组作业中的危险点和相应的安全措施等，见表 3-2。

表 3-2　　　　　　　　　班组班前讲话记录表

班组班前讲话记录表		编号	
工程名称		施工单位	
作业部位		作业内容	
作业班组		作业人数	
日期		天气情况	
班前讲话内容			
参加活动的人员名单			

四、现场自救、互救技能的训练

施工现场急救是指对建筑施工现场突发性的病人或伤者，由其本人或其他人应用急救知识和简单的急救技术所做的临时处理措施，以最大限度稳定伤病者的伤情或病情，维持伤病者的最基本体征，如呼吸、脉搏、血压等。施工现场急救并非治伤或治病，而是防止伤势或病情恶化的应急措施，现场急救的同时必须向社会呼救，等急救医生到达后应立即全面接受治疗。

积极、有效的自救与互救，关系到伤病患者生命和伤害的结果，是减少伤亡的有力措施。对伤者或病患的紧急处理措施，越快处理效果越好。职工必须根据自己的工作环境特点，认识和掌握常见事故规律，熟悉事故发生前的预兆和事故发生后的征兆，牢记各类事故的避灾要点，努力提高自己的自主保安意识和抗御灾害的能力。

1. 现场自救互救的基本步骤

（1）脱离危险区。抢救施工现场安全事故造成人员伤亡时，在靠近任何事件受害者前，必须先检查是否对急救者自身构成危险，并保护好急救者自己。如果此时危险依然存在，应采取正确的方法使伤员和自己转移到更安全的地点。同时对现场进行排查，确保在第一时间内找到所有伤患者，以便及时施救。

（2）判断患者伤情，正确施救。对施工现场遇到的伤害或突发性疾病，不可过分惊慌，发生此类事后重要的是做初步的诊治和判断。不论是意外受伤、突然发病或其他大小症状均须先行处理，且尽可能快速实施急救措施。在没有移动伤员之前先进行最初的检查，若遇到不知如何处理的事故时，不可任意移动患者，否则会使病情恶化。若一次事故中出现的伤员较多，首先应该明白急救处理和治疗的是何类病人，呼吸困难、心率失常、流血不止的伤员应优先考虑。判断形势并正确处理的顺序为：

恢复和保持呼吸频率/心率正常→止血→保护伤口→固定骨折→安抚惊恐不安者。

（3）及时呼救，寻求医疗救护。因条件和技术等因素决定，现场所采取急救措施不能彻底救治伤病患者，只能是稳定伤情、防止伤情蔓延扩大的初级救生。所以，事故现场对伤员进行急救的同时，必须及时向社会医疗机构呼救，并安排专人负责迎接医疗救护车。现场急救与社会呼救应同时进行，直到医疗救护人员到达现场接替为止。

（4）排查潜在伤员患者。有些时候，在突发事故案发现场，没有发现危急伤病的体征，但是患者身体潜在的损伤、骨折和病变等却在事后突然表现出来。所以在对伤病患者展开急救的同时，有必要对在事故中其他有受伤可能的人员进行彻底检查，以便及时施行必要的急救措施和稳定病情。

2. 施工现场急救设施

（1）应急电话。工地应安装电话，无条件安装电话的工地应配置移动电话，座机电话可安装于办公室、值班室、警卫室内，一般应放在室内靠近现场通道的窗扇附近，电话机旁应张贴常用紧急查询电话和工地主要负责人和上级单位的联络电话，以便在节假日、夜间等情况下使用，房间无人上锁时，如果有紧急情况无法开锁，可击碎窗玻璃，用电话向有关部门、单位、人员拨打电话报警求救。

拨打应急电话时要尽量讲清楚伤者（事故）发生在什么地方，什么路几号、靠近什么路口、附近有什么特征；说清楚伤情（病情、火情、案情）和已经采取了什么措施，以便让救护人员事先做好急救的准备；告知自己的单位、姓名、事故地点、电话号码，以便救护车（消防车、警车）找不到所报地方时，随时通过电话通信联系。在结束报救电话之前，应询问接报人员还有什么问题不清楚，如无问题才能挂断电话。通完电话后，应派人在现场外等候接应救护车，同时把救护车进入工地现场的路上障碍及时予以清除，以利救护车顺利到达现场及时进行抢救。

（2）急救箱。

1）急救箱的配备。急救箱的配备应以简单和适用为原则，器械敷料及医疗药物等应保证现场急救的基本需要，可根据不同情况予以增减，定期检查补充，确保随时可供急救使用。

①器械敷料类配备内容：体温计、血压计、听诊器、止血带、针灸针、镊子、止血钳（大、小）、剪刀、无菌橡皮手套、棉球、棉签、无菌敷料、绷带、三角巾、胶布、夹板、别针、消毒注射器（或一次性针筒）、静脉输液器、心内注射针头两个、气管切开用具（包括大、小银制气管套管）、张口器及舌钳、手术刀、氧气瓶（便携式）及流量计、手电筒（电池）、保险刀、病史记录等。

②应急药物配备内容：现场备用应急药物主要包括常用 10％葡萄糖、10％葡萄糖酸钙、25％葡萄糖、维生素、止血敏、生理盐水、碘酒、安定、肾上腺素、异丙基肾上素、阿托品、毒毛旋花子苷水、异搏定、慢心律、硝酸甘油、西地兰、氨茶碱、亚硝酸戊烷、洛贝林回苏灵咖啡因、尼可刹米、异戊巴比妥钠、乳酸钠、氨水、安洛血、苯妥英钠、碳酸氢钠、酒精、乙醚、0.1％新吉尔灭酊、

高锰酸钾等。

2）急救箱使用注意事项。施工现场配备的急救箱应安排专人保管，但不要上锁；放置在合适的位置，使现场人员都能知道；定期更换超过消毒期的敷料和过期药品，每次急救后要及时补充相关药品。

（3）其他应急设备和设施。施工现场还应配备用于设置警戒区域的隔离带，以及各类安全禁止、警告、指令、提示标志牌和安全带、安全绳、担架等，并配备用于夜间及黑暗处急救、逃生使用的照明灯具、电筒等设备。

3. 施工现场自救互救方法

（1）常用止血法。

1）止血带止血法。当现场出现有四肢大血管出血，尤其是动脉出血，这时应用止血带止血法进行止血。止血带止血法适用范围：受伤肢体有大而深的伤口，血流速度快；肢体完全离断或部分离断；多处受伤，出血量大或受伤部位能看见喷泉一样出血。

2）指压止血法。指压止血法是常用的止血方法，在外伤出血时应首先采用。适用范围：适用于小静脉出血；毛细血管出血；头部、躯体、四肢及身体各部位伤口，如果是动脉出血应与止血带配合使用。一个人负了伤，只要立刻果断地用手指或手掌用力压紧伤口附近靠近心脏一端的动脉跳动处，并把血管紧压在骨头上，就能很快收到临时止血的效果。

（2）常用伤口包扎法。当发现被救出的人身上有外伤时，应立即按正确的搬运方法把伤员抬到安全地点，并尽快脱掉（或剪开）伤员身上的衣服，及时进行伤口止血、包扎。包扎时先对创伤处用消毒的敷料或清洁的医用纱布覆盖，再用绷带或干净的布条包扎。在肢体骨折时，可借助绷带包扎夹板来固定受伤部位上下两个关节，减少损伤和疼痛，预防休克。注意不可用水清洗伤口里的灰土等杂物，包扎时避免用手直接触及伤口，更不可用脏布包扎。

（3）人工呼吸法。事故现场发现有昏迷的伤员患者，应把伤员抬到新鲜风流环境中，要以最快的速度和极短的时间检查一下伤员瞳孔有无光反射，摸摸有无脉搏跳动，听听有无心跳，用棉絮放在受伤者的鼻孔处观察有无呼吸，按一下指甲有无血液循环，同时还要检查有无外伤和骨折。一旦确定病人呼吸停止，应立即对患者进行人工呼吸。

（4）体外挤压恢复心脏跳动法。让伤员仰卧在板床或地面上，头低于心脏水平或抬高两下肢，以利静脉回流。把伤员的衣服和裤带全部解开（冬季应注意采取保暖措施），抢救者站在患者左侧或跪在伤员的腰部两侧，一手掌根部置于患者胸骨下 1/3 段，即中指对准颈部凹陷的下缘，手掌贴胸平放，掌腕放在伤员左乳头下方处，另一手掌交叉重叠于该手背上，肘关节伸直，借助自身重力垂直向下挤压伤员的胸廓，压陷深度 3～4cm，然后突然松开（此时手掌可不离开胸壁），如此反复进行，每分钟 60～80 次，直到伤员复苏或确认无效为止。

操作时应注意正确定位，用力适当，应有节奏地反复进行。不可因用力过猛造成继发性组织器官损伤或肋骨骨折等二次事故。抢救时必须兼顾心跳和呼吸，可以采取口对口人工呼吸和体外挤压恢复心脏跳动法同时进行。

（5）伤员搬运。在对现场突发事故伤员采取急救的过程中，要坚持"三先三后"原则，即对窒息（呼吸道完全堵塞）或心跳、呼吸停止不久的伤员，必须先复苏，后搬运；对出血伤员，必须先止血，后搬运；对骨折伤员，必须先固定，后搬运。经现场止血、包扎、固定后的伤员患者，应尽快地搬运转送医院接受进一步治疗，不正确的搬运方法将导致继发性创伤，甚至威胁伤员患者的生命。

1）轻伤员搬运。针对手足等局部受伤且伤情不重的伤员可采用抱、扶、背的方法将伤员送往医院。可采取单人背负搬运，也可采取两人配合座椅式搬运。

2）骨折伤员搬运。在肢体受伤后局部出现疼痛、肿胀、功能性障碍、畸形变化等骨折症状时，必须在止血、包扎、固定后方可搬运。注意防止骨折断端可能因为搬运振动而错乱移位，加重伤情。

3）重伤员搬运。重伤员如大出血、脊柱骨折、大腿骨折等，一定要用担架抬送。对脊柱骨折的伤员不可随便搬动和翻动，更不准背、抱，不能用软担架抬送。把伤员移至担架上时，要 2～3 人齐心协力，轻抬轻放，避免脊柱弯曲扭动，防止加重伤情。搬运过程中，应注意给伤员做好保暖。抬担架的人要步调一致，不可左右晃动，任何情况下，都应保持担架高低一致。如没有专用担架，应就地取材，自制临时担架。

（6）火灾自救及烧伤、灼烫急救。

1）火灾自救。施工现场一旦发生火灾，当采取相应灭火措施仍无法避免火灾时，应立即撤离火灾区。衣服着火，应立即倒在地上翻滚或翻入附近的水沟中或潮湿地上，以便迅速压灭或冲灭火苗。不得慌乱地喊叫、奔跑，以免风助火威，造成呼吸道烧伤。火灾现场自救注意事项如下。

①火灾袭来时要迅速疏散逃生，不要贪恋财物。

②身上着火时，可就地打滚，或用厚重衣物覆盖压灭火苗。

③大火封门无法逃生时，可用浸湿的被褥衣物等堵塞门缝，泼水降温，呼救待援。

④必须穿越浓烟逃走时，应尽量用浸湿的衣物裹住身体，用湿毛巾或湿布捂住口鼻，或贴近地面爬行。

⑤救火人员应注意自我保护，使用灭火器材救火时应站在上风位置，以防因烈火、浓烟熏烤而受到伤害。

2）烧伤、灼烫急救。

①肢体被明火烧伤时，可用自来水冲洗或浸泡伤患处，避免受伤面扩大。

②肢体被沸水或蒸汽烫伤时，应立即剪开已被沸水湿透的衣服和鞋袜。然后将受伤的肢体浸于冷水中，可起到止痛和消肿的作用。如贴身衣服与伤口粘在一起时，可用剪刀先剪开，然后慢慢将衣服脱去，切勿强行撕脱，以免使伤口加重。

③如果是用电造成火灾，应使用干粉灭火器进行灭火，不得使用泡沫灭火器，更不准使用水熄灭电路起火。灭火时应先切断电源、煤气总开关。

④严禁用红汞、碘酒和其他未经医生同意的药物涂抹烧伤或烫伤创面，应用消毒纱布覆盖在伤口上，并迅速将伤员送往医院救治。

（7）溺水急救。

1）尽快把溺水者捞救出水，并以最快的速度撬开他的嘴，清除堵塞在嘴和鼻孔里的泥土或其他杂物，并将其舌头拉出，以使呼吸道畅通。

2）及时对患者进行控水，可根据实际情况采取以下方法。

①膝顶控水法。急救者取半跪的姿势，把溺水者的腹部放在自己的膝盖上，使头部下垂，并不断压迫他的背部，把灌入胃里的水控出来。

②肩扛控水法。可将溺水者腹部放在急救者肩上，急救者上、下耸肩或快速奔走，使积水不断控出。

③提腰控水法。把溺水者腰部向上提，使他的背部向上、头部下垂，以便积水从溺水者的胃里流出。

3）控水后，若溺水者呼吸已停、心跳未停，应立即做人工呼吸。如心跳已停止，应做体外挤压恢复心脏跳动，同时进行口对口人工呼吸，必须连续进行，直到复苏或确实无效时才能停止。呼吸恢复后，进行四肢向上按摩，以促进血液循环，可服少量浓茶或热姜汤以抗寒。

4）在进行抢救的同时，要派人立即向医疗机构呼救。

（8）高处坠落急救。

1）现场急救。对于高处坠落到地面的伤员，应初步检查伤情，不能随便搬动或摇动患者，必须立即向社会医疗机构呼救。如有肢体大量出血，应在保持患者体位不动的情况下采取适当措施及时止血，并进行初步包扎。如果现场确定四肢骨折，应按正确方法及时进行固定。

2）伤员搬运，参见前文第（5）项相关内容。

（9）触电急救。

1）迅速关闭开关，切断电源，或用绝缘物使触电者与电脱离，尽快让触电者与电源脱离。救护者在断开电源开关确定患者脱离电源之前，不能触摸受伤者。

2）如果一时不能切断电源，救助者应穿上胶鞋或站在干的木板凳子上，双手戴上厚的塑胶手套，用干的木棍、扁担、竹竿等不导电的物体，挑开受伤者身上的电线，尽快将受伤者与电源隔离。

3）切断电源时，不得用绝缘状况不明的斧子砍断电缆，以免自身触电，引起新的事故；必须妥善处理被挑开的漏电电源电线，以免造成他人再次触电。有条件时，要先戴上绝缘手套，穿上绝缘鞋；在触电者没有脱离电源之前，不要直接接触触电者。

4）对触电者的急救应分秒必争，触电者脱离电源后，应立即检查其心跳与呼吸。对呼吸停止、心跳尚存者应立即进行口对口人工呼吸。发现伤员心跳停止或心音微弱，应立即进行胸外心脏按压，同时进行口对口人工呼吸。

5）除少数确实已证明被电死者外，抢救须维持到使触电者恢复呼吸心跳，或确诊已无生还希望为止。发生呼吸心跳停止的病人，病情都很危重，应一面进行抢救，一面紧急把病人送往就近医院治疗。在转送医院的途中，抢救工作不能中断。人在触电后，有时会有较长时间的"假死"，因此，急救者应耐心进行抢救，绝不要轻易中止。

6）处理电击伤伤口时应先用碘酒纱布覆盖包扎，然手按烧伤处理。电击伤的特点是伤口小、深度大，所以应注意防止继发性大出血。千万要注意不可盲目地给触电者打强心针。

（10）中毒急救。

1）一氧化碳中毒急救。发现有人因有害气体中毒或窒息时，应立即打开门窗通风，迅速把患者抬到新鲜风流环境中，进行抢救（冬季应注意给患者保暖）。在救护中，急救人员一定要沉着，动作要迅速。轻度中毒，数小时后即可恢复，中、重度中毒应尽快向急救中心呼救。

确保中毒者呼吸道通畅，神志不清者应将头部偏向一侧，以防呕吐物吸入呼吸道引起窒息，要立即给中毒者闻氨水解毒，有条件的话给病人吸氧，对于昏迷者或抽搐者，可头置冰袋，切忌采用冷冻、灌醋或灌酸菜汤等不科学的做法。

如果一氧化碳中毒者呼吸虽已停止但心脏还有跳动，应解开衣服，搓擦他的皮肤，并立即进行人工呼吸。

2）食物中毒急救。建筑工地常见食物中毒事故多为误食发芽土豆、未熟扁豆、变质食物、混凝土添加剂中的亚硝酸钠、硫酸钠和酒精中毒等。食物中毒以呕吐和腹泻为主要表现，常在食后1h到1d内出现恶心、剧烈呕吐、腹痛、腹泻等症，继而可出现脱水和血压下降而致休克。肉毒杆菌污染所致食物中毒病情最为严重，可出现吞咽困难、失语、复视等症。食物中毒的处理办法如下。

①立即停止食用可疑中毒食物，食物中毒早期应禁食，但不宜过长。

②剧烈呕吐、腹痛、腹泻不止者可注射硫酸阿托品。

③有脱水征兆者及时补充体液，可饮用加入少许食盐、糖的饮品，或静脉输液。

④肉毒杆菌食物中毒者应速送医院急救，给予抗肉毒素血清等。

⑤对于一般神志清醒者应设法催吐，尽快排除毒物。可大量饮用清水或淡盐水后，用筷子等刺激咽后壁或舌根部，造成呕吐动作，将胃内食物吐出来，反复多次，直到吐出物呈清亮为止。

⑥对于催吐无效或神志不清者，应及时送往医院进行洗胃，以减少毒素的吸收。

(11) 刺伤、戳伤急救。刺伤、戳伤是指因刀具、玻璃、铁丝、铁钉、铁棍、钢针、钢钎等尖锐物品刺戳所造成的意外伤害。处理戳伤应注意以下急救要点。

1）对于较轻的刺伤和戳伤，只需进行创口消毒清洗后，用干净的纱布等包扎止血，或就地取材使用代替品初步包扎后再去医院进一步包扎。

2）对于仍停留在体内的铁钉、铁棍、钢针、钢钎等硬器，不要立即拔出，应用清洁纱布或其他布料（或干净的手绢）按在伤口四周以止血，并妥当地将硬器固定好，防止脱落，尽快将患者送往医院手术取出。

3）如果刺入伤口的物体较小，可用环形垫或用其他纱布垫在伤口周围。用干净的纱布覆盖伤口，再用绷带加压包扎，但不要压及伤口。如果戳伤比较严重，则应及时送医院救治。

4）对于刺中腹部导致肠道等内脏脱出时，不得将脱出的肠道等内脏再送回腹腔内，以免加大感染，可在脱出的肠道上覆盖消毒纱布，再用干净的盆或碗倒扣在伤口上，用绷带或布带进行固定，同时迅速送往医院抢救。

5）对于施工现场出现的各类刺伤、戳伤等，无论伤口深浅，均应去医院接受注射治疗，防止引起破伤风。

（12）坍塌急救。坍塌伤害是指由于土体塌方、垮塌而造成人员被土石方等物体压埋，发生掩埋窒息或造成人员肢体损伤的事故。现场抢救坍塌事故被埋压的人员时，应注意以下急救要点。

1）先认真观察事故地点塌方的情况，如发现现场土、石壁有再塌落的危险时，要先维护好土、石壁，通过由外向里、边支护边掏洞的办法，小心地把遇险者身上的土、石块搬开，把被埋压者救出来。

2）尽早先将患者头部露出来，立即清除其口腔内的泥土等杂物，保持呼吸道畅通。

3）如果土、石块较大，无法搬运，可用千斤顶等工具抬起，然后把石块拨开。不得生拉硬拽拖出患者，也不得镐刨锤打移除大石块。

4）救出伤员后，应立即判断伤员的伤情，根据实际情况采取正确的急救方法。

5）在搬运伤员过程中，防止肢体活动，无论有无骨折，均须用夹板固定，将肢体暴露在凉爽的空气中；对于脊椎骨折的患者，避免脊柱弯曲扭动，防止加重伤情。

（13）电焊光伤眼急救。电焊工在电焊施工操作过程中，长时间不戴防护眼镜看电焊弧光，眼睛会被电弧光中强烈的紫外线所刺激，从而发生电光性眼炎，即平常所说的电弧光"打"了眼睛，电光性眼炎的主要症状是眼睛磨痛、流泪、怕光。从眼睛被电弧光照射到出现症状，要经过 2~10h。

从事电焊工作的工人，禁止不戴防护眼镜进行电焊操作，以免引起不必要的事故。电焊工操作时，应穿电焊工作服、绝缘鞋和戴电焊手套、防护面罩等安全防护用品，防止被强光刺伤眼睛。

发生电光性眼炎，可去医院用 4% 奴夫卡因药水点眼，症状会很快缓解。如果电光性眼炎的发病在夜间或在家里出现，可用煮过而又冷却的鲜牛奶点眼以止痛；可用毛巾浸冷水敷眼，闭目休息等自我急救措施缓解疼痛。经过应急处理后，除了休息外，还要注意减少光的刺激，并尽量减少眼球转动和摩擦。

（14）中暑急救。中暑是指人员因处于高温高热的环境而引起的疾病。施工现场发现有人中暑时首先应迅速转移中暑患者，将中暑者迅速移至阴凉通风的地方，解开衣服、脱掉鞋子，让其平卧，头部不要垫高，保持患者呼吸畅通；用凉水或 50% 酒精擦其全身，直到皮肤发红，血管扩张以促进散热、降温；对于能饮水的患者应鼓励其多喝凉盐开水或其他饮料，不能饮水者，应进行静脉补液，以补充水分和无机盐类；对于呼吸衰竭或循环衰竭时的患者，可在医生叮嘱下分别注射相应药物；在患者痊愈前，应进行严密观察，精心护理，在医疗条件不完善的情况下，应及时把患者送往就近医院进行抢救。

（15）传染病患者急救。施工现场一旦发现有传染病患者，应立即报告相关领导，把患者送往医院进行诊治，陪同人员必须做好防护隔离措施；对可能出现病因的场所进行隔离、消毒，严格控制疾病的再次传播；如发现员工有集体发烧、咳嗽等不良症状，应立即报告现场负责人和有关主管部门，对患者进行隔离加以控制，同时启动应急救援预案。由于施工现场的施工人员较多，如若控制不当，容易造成集体感染传染病。因此需要采取正确的措施加以处理，防止大面积人员感染传染病。另外，应加强现场员工的教育和管理，落实各级责任制，严格履行员工进出现场登记手续，做好病情的监测工作。

第四章

建筑施工现场安全防护及消防安全

一、劳动防护用品

劳动防护用品，是指劳动者在劳动过程中为免遭或减轻事故伤害或职业危害所配备的防护装备，是为从事建筑施工作业的人员和进入施工现场的其他人员配备的个人防护装备。

1. 劳动防护用品采购

企业应建立劳动防护用品合格分供方名册，查验劳动防护用品生产厂家或供货商的生产、经营资格，验明劳动防护用品的合格证明、"CCC"证或生产许可证、法定检验机构出具的检验报告等相关质量证明资料齐全；劳动防护用品必须符合国家标准或行业标准，同时劳动防护用品必须有安全标志。不能提供全部上述劳动防护用品资料者不得采购。

2. 劳动防护用品使用管理

（1）企业应教育从业人员按照劳动防护用品使用规定和防护要求，正确使用劳动防护产品。

（2）企业应当向作业人员提供安全防护用具和安全防护服装，并书面告知危险岗位的操作规程和违章操作的危害。

（3）企业应加强对施工作业人员劳动防护用品使用情况的检查，并对施工作业人员劳动防护用品的质量和正确使用负责。实行施工总承包的工程项目，施工总承包企业应加强对施工现场内所有施工作业人员劳动防护用品的监督检查。督促相关分包企业和人员正确使用劳动防护用品。作业人员应当遵守安全施工的强制性标准、规章制度和操作规程，正确使用安全防护用具、机械设备等。

（4）作业人员有接受安全教育培训的权利，有按照工作岗位规定使用合格的劳动防护用品的权利；有拒绝违章指挥、拒绝使用不合格劳动防护用品的权利。同时，也负有正确使用劳动防护用品的义务。

77

（5）建筑施工企业应对危险性较大的施工作业场所具有尘毒危害的作业环境设置安全警示标示及应使用的安全防护用品标识牌。

（6）作业人员在劳动防护用品使用前，应对其防护功能进行必要的检查。企业应对作业人员劳动防护用品的使用情况进行监督检查。

3. 劳动防护用品分类

（1）头部防护类：安全帽、工作帽。

（2）眼、面部防护类：护目镜、防护罩（分防冲击型、防腐蚀型、防辐射型等）。

（3）听觉、耳部防护类：耳塞、耳罩、防噪声帽等。

（4）呼吸器官防护类：防毒面具、防尘口罩等。

（5）手部防护类：防腐蚀、防化学药品手套，绝缘手套，搬运手套，防火防烫手套等。

（6）足部防护类：绝缘鞋、保护足趾安全鞋、防滑鞋、防油鞋、防静电鞋等。

（7）防护服类：防火服、防烫服、防静电服、防酸碱服等。

（8）防坠落类：安全带、安全绳等。

（9）防雨、防寒服装及专用标志服装、一般工作服装。

4. 现场人员劳动防护用品的配备

（1）架子工、起重吊装工、信号指挥工的劳动防护用品配备。

1）架子工、塔式起重机操作人员，起重吊装工应配备灵便紧口的工作服，系带防滑鞋和工作手套。

2）信号指挥工应配备专用标志服装。在自然强光环境条件作业时，应配备有色防护眼镜。

（2）电工的劳动防护用品配备。

1）维修电工应配备绝缘鞋、绝缘手套和灵便紧口工作服。

2）安装电工应配备手套和防护眼镜。

3）高压电气作业时，应配备相应等级的绝缘鞋、绝缘手套和有色防护眼镜。

（3）电焊工，气割工的劳动防护品配备。

1）电焊工、气割工应配备阻燃防护服、绝缘鞋、鞋盖、电焊手套和焊接防护面罩。在高处作业时，应配备安全帽与面罩连接式焊接防护面罩和阻燃安全带。

2）从事清除焊接作业时，应配备防护眼镜。

3）从事磨削钨极作业时，应配备手套、防尘口罩和防护眼镜。

4）从事酸碱等腐蚀性作业时，应配备防腐蚀性工作服、耐酸碱胶鞋，戴耐酸碱手套、防护口罩和防护眼镜。

5）在密闭环境中或通风不良的环境下，应配备送风式防护面罩。

（4）锅炉、压力容器及管道安装工的劳动防护用品配备。

1）锅炉及压力容器安装工、管道安装工应配备紧口工作服和保护足趾安全鞋。在强光环境条件作业时，应配备有色防护眼镜。

2）在地下或潮湿场所，应配备紧口工作服、绝缘鞋和绝缘手套。

（5）油漆工的劳动防护用品配备。油漆工在从事涂刷、喷漆作业时，应配备防静电工作服、防静电鞋、防静电手套、防毒口罩和防护眼镜；从事砂纸打磨作业时，应配备防尘口罩和密闭式防护眼镜。

（6）普通工的劳动防护用品配备。普通工在从事淋灰、筛灰作业时，应配备高腰工作鞋、鞋盖、手套和防尘口罩，并配备防护眼镜；从事抬、扛物料作业时，应配备垫肩；从事人工挖、扩桩孔作业时，井孔下作业人员应配备雨靴、手套和安全绳；从事拆除工作时，应配备保护足趾安全鞋、手套。

（7）混凝土工的劳动防护用品配备。混凝土工应配备工作服，系带高腰防滑鞋、鞋盖、防尘口罩和手套，宜配备防护眼镜；从事混凝土浇筑作业时，应配备胶鞋和手套；从事混凝土振捣作业时，应配备绝缘胶鞋、绝缘手套。

（8）瓦工、砌筑工的劳动防护用品配备。瓦工、砌筑工应配备保护足趾安全鞋、胶面手套和普通工作服。

（9）抹灰工的劳动防护用品配备。抹灰工应配备高腰布面脚底防滑鞋和手套，宜配备防护眼镜。

（10）磨石工的劳动防护用品配备。磨石工应配备紧口工作服、绝缘胶鞋、绝缘手套和防尘口罩。

（11）石工的劳动防护用品配备。石工应配备紧口工作服、保护足趾安全鞋、手套和防尘口罩，宜配备防护眼镜。

（12）木工的劳动防护用品配备。木工从事机械作业时，应配备紧口工作服、防噪声耳罩和防尘口罩，宜配备防护眼镜。

（13）钢筋工的劳动防护用品配备。钢筋工应配备紧口工作服、保护足趾安全鞋和手套。从事钢筋除锈作业时，应配备防尘口罩，宜配备防护眼镜。

（14）防水工的劳动防护用品配备。

1）从事涂刷作业时，应配备防静电工作服、防静电鞋和鞋盖、防护手套、防毒口罩和防护眼镜。

2）从事沥青熔化、运送作业时，应配备防烫工作服、高腰布面胶底防滑鞋和鞋盖、工作帽、耐高温长手套、防毒口罩和防护眼镜。

（15）玻璃工的劳动防护用品配备。玻璃工应配备工作服和防切割手套；从事打磨玻璃作业时，应配备防尘口罩，宜配备防护眼镜。

（16）司炉工的劳动防护用品配备。司炉工应配备耐高温工作服、保护足趾安全鞋、工作帽、防护手套和防尘口罩，宜配备防护眼镜；从事添加燃料作业时，应配备有色防冲击眼镜。

（17）钳工、铆工、通风工的劳动防护用品配备。

1）从事使用锉刀、刮刀、錾子、扁铲等工具作业时，应配备紧口工作服和防护眼镜。

2）从事剔凿作业时，应配备手套和防护眼镜；从事搬抬作业时，应配备保护足趾安全鞋和手套。

3）从事石棉、玻璃棉等含尘毒材料作业时，操作人员应配备防异物工作服、防尘口罩、风帽、风镜和薄膜手套。

（18）筑炉工的劳动防护用品配备。筑炉工从事磨砖、切砖作业时，应配备紧口工作服、保护足趾安全鞋、手套和防尘口罩，宜配备防护眼镜。

（19）电梯安装工、起重机械安装拆卸工的劳动防护用品配备。电梯安装工、起重机械安装拆卸工从事安装、拆卸和维修作业时，应配备紧口工作服、保护足趾安全鞋和手套。

（20）其他人员的劳动防护用品配备。

1）从事电钻、砂轮等手持电动工具作业时，应配备绝缘鞋、绝缘手套和防护眼镜。

2）从事蛙式夯实机振动冲击夯实作业时，应配备具有绝缘功能的保护足趾安全鞋、绝缘手套和防噪声耳塞（耳罩）。

3）从事可能飞溅渣屑的机械设备作业时，应配备防护眼镜。

4）从事地下管道检修作业时，应配备防毒面罩、防滑鞋（靴）和工作手套。

二、施工现场安全防护

1. 基槽、坑、沟临边安全防护

（1）土方开挖对周边建筑物、构筑物的防护措施要求。

1）土方开挖前必须制定保证周边建筑物、构筑物安全的措施并经技术部门审批后方准施工。在确保土方开挖、基坑暴露期间的安全外，还必须保证邻近建（构）筑物、道路、管线的安全。需要进行降排水的，应慎重考虑降排水产生的沉降，根据需要采取有效的措施，并加强监测。

2）施工现场应当按深基坑支护工程设计方案、施工要求配备应急抢险器材和人员。

3）基坑开挖完成后，地下结构工程的施工单位应当及时施工，防止基坑长时间暴露。

4）用于土方施工的机械进场，经验收合格后方可使用，机械操作人员必须持证上岗。

5）配合机械清底、平地、修坡等人员，必须在机械回转半径以外作业；如必须进入回转半径内作业时，应先停止机械回转并制动，方可开始作业，机上、机下人员应随时取得密切联系。

（2）坑、沟的临边防护要求。

1）在基础施工前及开挖槽、坑、沟土方前，建设单位必须以书面形式向施工企业提供详细的与施工现场相关的地下管线资料，施工企业采取有效措施保护地下各类管线。

2）基础施工前应具备完整的岩土工程勘察报告及设计文件。

3）基坑施工应编制施工方案，方案要有针对性。当基坑深度超过 3m 时，要由专业施工技术人员编制安全专项施工方案，经企业技术部门审核、企业技术负责人签字后报监理单位，由监理单位总监理工程师审核、签字。实行施工总承包，应由专业分包单位技术负责人和总包单位企业技术负责人签字后报监理单位，由监理单位总监理工程师审核、签字。由施工企业技术负责人、监理单位总监理工程师签字。

4）根据现场土质条件及基坑周边情况，采取合理的支护措施。深度在 5m 以内的基槽（坑）、管沟边坡最陡坡度执行《建筑施工安全检查标准》（JGJ 59—2011）要求。

5）土方开挖前必须制定保证周边建筑物、构筑物安全的措施，并应纳入土方方案中。方案应经监理单位审核、签字后方准施工。

6）雨期施工期间，基坑周边必须有良好的排水系统和设施。

7）危险处和通道处及行人过路处开挖的槽、坑、沟，必须采取有效的防护措施，防止人员坠落，夜间应设红色标志灯。

8）开挖槽、坑、沟深度超过 1.5m，应根据土质和深度情况按规定放坡或加可靠支撑，并设置人员上下坡道或爬梯，爬梯两侧应用密目网封闭。开挖槽、坑、沟深度超过 5m 时，必须设置马道，坡度不小于 1：3。开挖深度超过 2m 的，必须在边沿处设立两道防护栏杆，用密目网封闭。

9）槽、坑、沟边 1m 以内不得堆土、堆料、停置机具。

2．大孔径桩、扩底桩工程安全防护

（1）大孔径桩及扩底桩施工，必须严格执行《大直径扩底灌注桩技术规程》（JGJ/T 225—2010）。

（2）人工挖大孔径桩的施工企业必须具备总承包一级以上资质或地基与基础工程专业承包一级资质。

（3）编制人工挖大孔径桩及扩底桩施工方案必须经企技术部门审核，经企业技术负责人签字后报监理单位，由监理单位总监理工程师审核、签字。

（4）挖大孔径桩及扩底桩必须制定防坠人、落物、坍塌、人员窒息等安全措施。挖大孔径桩必须采用混凝土护壁，混凝土强度达到规定的强度和养护时间后，方可进行下层土方开挖。下孔作业前应进行有毒、有害气体检测，排除孔内有害气体。并向孔内输送新鲜空气或氧气，确认安全后方可下孔。孔下作业人员连续作业不得超过 2h，并设专人监护。施工作业时，保证作业区域通风良好。

（5）人工挖空必须采用混凝土护壁，其首层护壁应根据土质情况做成沿口护圈。护圈混凝土强度达到 5MPa 以后，方可进行下层土方的开挖。

（6）孔口应设置防护设施，严防人员或物件坠落孔内，孔下作业人员应戴安全帽。

（7）严格按照挖孔桩的施工顺序进行施工，第一节桩孔土方挖完后，必须浇筑第一节混凝土护壁，待第一节混凝土护壁达到设计强度后方可进行第二节土方开挖。分节逐步进行。挖孔扩底桩严禁用炸药扩底。

（8）基础施工时降水（井点）工程的井口，必须设置牢固防护盖板或围栏和警示标志。完工后，必须及时将井口填实。

（9）深井或地下管道施工及防水作业区，应采取有效的通风措施，并进行有毒、有害气体检测。特殊情况必须采取特殊的防护措施，防止发生中毒事故。

3．对地下管线保护

（1）要求建设单位提供各类地下设施资料（包括电缆、燃气、上水、污水、雨水、中水、热力管线的分布和现状资料）。

（2）施工单位对建设方提供的地下设施资料进行勘察核实，对所有地下管线的位置设置警示牌（或警示标识）。

（3）根据管线走向及具体位置，在地面上做出标志（用白灰标识）。

（4）对于已探明的地下管线，应采取适当的措施进行保护，以防止施工对管线的损害，保护方案应事先取得管线所属部门的同意并得到监理工程师的书面批准。

（5）管线开挖过程中先进行人工探坑，然后视管线深度、位置，确定采用机械开挖或人工开挖的方法。靠近电力电缆等周边 2m 内的土方必须人工开挖。

（6）管线挖出后应及时采取保护措施，如采用支架、悬吊、套管、设置挡板等措施，如遇到燃气管道应及时检测管道是否泄漏，并严格执行动火作业程序，对于燃气、电力管线，应设置集水坑，防止管线被浸泡。

（7）对于道路下的给水管线和压力污水管线，除采取以上措施外，在车辆穿越时，还要确保管线受力后不变形，不断裂。

（8）对于本工程中所有管线的位置设置警示牌。

（9）严禁私自利用、损坏原有管线。

4.“三宝”“四口”和临边防护

（1）“三宝”指安全帽、安全带、安全网，见本章第一节相关内容。

（2）“四口”的安全防护要求。

1）“四口”是指楼梯口、电梯井口、预留洞口、通道口。

2）1.5m×1.5m 以下的孔洞，用坚实盖板盖住，有防止挪动、位移的措施。1.5m×1.5m 以上的孔洞，四周设两道防护栏杆，中间支搭水平安全网。结构施工中伸缩缝和后浇带处加固定盖板防护。

3）电梯井口必须设高度不低于 1.2m 的金属防护门。电梯井内首层和首层以上每隔四层设一道水平安全网，安全网应封闭严密。

4）管道井和烟道必须采取有效防护措施，防止人员、物体坠落。墙面等处的竖向洞口必须设置固定式防护门并有警示标志。结构施工中，电梯井和管道竖井不得作为垂直运输通道和垃圾通道。

5）楼梯踏步及休息平台处，必须设两道牢固防护栏杆或立挂安全网。回转式楼梯间支设首层水平安全网，每隔四层（10m）设一道水平安全网。

阳台栏板应随层安装，不能随层安装的，必须在阳台临边处设一道防护栏杆。防护栏杆设上下两道水平杆，并立挂密目安全网。两道防护栏杆用密目网密封。

6）建筑物楼层邻边四周，未砌筑、安装围护结构时，必须设一道防护栏杆，防护栏杆设上下两道水平杆，并立挂密目安全网。两道防护栏杆立挂安全网。

7）建筑物出入口必须搭设宽于出入通道两侧的防护棚，建筑超过24m的棚顶应满铺不小于50mm厚度的脚手板。通道两侧用密目安全网封闭。多层建筑防护棚长度不小于3m，高层不小于6m，防护棚高度不低于3m。

8）因施工需要临时拆除洞口、临边防护的，必须专人监护。监护人员撤离前，必须将原防护设施复位。

（3）"五临边"的安全防护要求。

1）"五临边"是指深度超过2m的槽、坑、沟的周边；在施工程无外脚手架的屋面（作业面）和框架结构楼层的周边；井字架、龙门架、外用电梯和脚手架与建筑物的通道、上下跑道和斜侧道的两侧边；尚未安装栏板、栏杆阳台、料台、挑平台的周边；在施工程的楼梯口的梯段边。

2）五临边必须设置防护栏杆，防护栏杆由上、下两道横杆及栏杆柱组成，上横杆离地高度1.2m，下杆离地高度0.6m。坡度大于1：2的斜屋面，防护栏杆应高于1.5m，并加挂安全立网。横杆长度大于2m时，必须加设栏杆柱；给水排水沟槽、桥梁工程、泥浆池等临边危险部位应进行有效防护。

3）各种垂直运输卸料平台临边防护必须到位，侧边设1.2m高两道防护栏杆和安全网全封闭，进料口设置防护门。或者采用1.2m高定型彩钢板全封闭，平台口还应设置含踢脚防护的安全门或活动防护栏杆。卸料平台底板要求采用厚4cm以上木板、钢板等硬质板材铺设，并设有防滑条，严禁只采用毛竹脚手片。

悬挑式钢平台的搁置点与上部拉结点必须位于建筑物上，不得设置在脚手架等施工设备上。斜拉杆或钢丝绳，构造上宜两边各设前后两道，两道中的每一道均应做单道受力计算使用。

5. 高处作业防护

（1）使用落地式脚手架必须使用密目安全网沿架体内侧进行封闭，网之间连接牢固并与架体固定，安全网要整洁、美观。

（2）凡高度在4m以上的建筑物不使用落地式脚手架的，首层四周必须支固定3m宽的水平安全网（高层建筑支6m宽双层网），网底距接触面不得小于3m（高层不得小于5m）。高层建筑每隔四层（10m）还应固定一道3m宽的水平安全网，网接口处必须连接严密。支搭的水平安全网直至无高处作业时方可拆除。

（3）在2m以上高度从事支模、绑钢筋等施工作业时必须有可靠的施工作业面，并设置安全、稳固的爬梯。物料必须堆放平稳，不得放置在临边和洞口附近，也不得妨碍作业、通行。建筑施工对施工现场以外人或物可能造成危害的，应当采取安全防护措施。施工交叉作业时，应当制定相应的安全措施，并指定专职人员进行检查与协调。

三、现场施工用电安全防护

1. 外电线路防护

（1）在建工程（含脚手架）的周边与外电架空线路的边线之间的最小操作安全距离应符合规定。

（2）在建工程不得在外电架空线路正下方施工、搭设作业棚、建造生活设施或堆放构件、架具、材料及其他杂物等。

（3）施工现场的机动车道与外电架空线路交叉时，架空线路的最低点与路面的最小垂直距离应符合表4-1的规定。

表4-1　　施工现场的机动车道与外电架空线路交叉时的最小垂直距离

外电线路电压等级/kV	<1	1~10	35
最小垂直距离/m	6.0	7.0	7.0

（4）施工现场开挖沟槽边缘与外电埋地电缆沟槽边缘之间的距离不得小于0.5m。

（5）起重机严禁越过无防护设施的外电架空线路作业。在外电架空线路附近吊装时，起重机的任何部位或被吊物边缘在最大偏斜时与架空线路边线的最小安全距离应符合规定。

（6）防护设施与外电线路之间的安全距离不应小于表4-2所列数值。

表4-2　　防护设施与外电线路之间的最小安全距离

外电线路电压等级/kV	≤10	35	110	220	330	500
最小安全距离/m	1.7	2.0	2.5	4.0	5.0	6.0

（7）防护设施应坚固、稳定，且对外电线路的隔离防护应达到IP30级。

（8）在外电架空线路附近开挖沟槽时，必须会同有关部门采取加固措施，防止外电架空线路电杆倾斜、悬倒。

（9）当施工现场防护设施与外电线路直接最小安全距离无法实现时，必须与有关部门协商，采取停电、迁移外电线路或改变工程位置等措施，未采取上述措施的严禁施工。

2. 电气设备防护

电气设备设置场所应能避免物体打击和机械损伤，否则应做防护处置；电气设备现场周围不得存放易燃易爆物、污染源和腐蚀介质，否则应予清除或做防护处置，其防护等级必须与环境条件相适应。

3. 施工现场临电接地与防雷

（1）临时用电安全基本要求。

1）施工现场的临时用电电力系统严禁利用大地做相线或零线。

2）相线、N线、PE线的颜色标记必须符合以下规定：相线 L1（A）、L2（B）、L3（C）相序的绝缘颜色依次为黄、绿、红色；N线的绝缘颜色为淡蓝色；PE线的绝缘颜色为绿/黄双色。任何情况下上述颜色标记严禁混用和互相代用。

3）在施工现场专用变压器的供电的 TN-S 接零保护系统中，电气设备的金属外壳必须与保护零线连接。保护零线应由工作接地线、配电室（总配电箱）电源侧零线或总漏电保护器电源侧零线处引出。

4）接地装置的设置应考虑土壤干燥或冻结等季节变化的影响，并应符合表4-3的要求，防雷装置的冲击接地电阻值只考虑在雷雨季节中土壤干燥状态的影响。

表4-3 接地装置的季节系数 φ 值

埋深/m	φ	
	水平接地体	长2~3m的垂直接地体
0.5	1.4~1.8	1.2~1.4
0.8~1.0	1.25~1.45	1.15~1.3
2.5~3.0	1.0~1.1	1.0~1.1

注 大地比较干燥时，取表中较小值；比较潮湿时，取表中较大值。

5）使用一次侧由 50V 以上电压的接零保护系统供电，二次侧为 50V 及以下电压的安全隔离变压器时，二次侧不得接地，并应将二次线路用绝缘管保护或采用橡皮护套软线。

当采用普通隔离变压器时，其二次侧一端应接地，且变压器正常不带电的外露可导电部分应与一次回路保护零线相连接。

以上变压器尚应采取防直接接触带电体的保护措施。

6）PE线所用材质与相线、工作零线（N线）相同时，其最小截面应符合表4-4的规定。

表 4-4　　　　　　　　　PE 线截面与相线截面的关系

相线芯线截面 $S/\mathrm{mm^2}$	PE 线最小截面/$\mathrm{mm^2}$
$S \leqslant 16$	5
$16 < S \leqslant 35$	16
$S > 35$	$S/2$

7）保护零线必须采用绝缘导线。配电装置和电动机械相连接的 PE 线应为截面积不小于 2.5mm² 的绝缘多股铜线。手持式电动工具的 PE 线应为截面积不小于 1.5mm² 的绝缘多股铜线。

8）PE 线上严禁装设开关或熔断器，严禁通过工作电流，且严禁断线。

9）当施工现场与外电线路共用同一供电系统时，电气设备的接地、接零保护应与原系统保持一致；不得一部分设备做保护接零，另一部分设备做保护接地；采用 TN 系统做保护接零时，工作零线（N 线）必须通过总漏电保护器，保护零线（PE 线）必须由电源进线零线重复接地处或总漏电保护器电源侧零线处，引出形成局部 TN-S 接零保护系统。

10）在 TN 接零保护系统中，通过总漏电保护器的工作零线与保护零线之间不得再做电气连接；在 TN 接零保护系统中，PE 零线应单独敷设。重复接地线必须与 PE 线相连接，严禁与 N 线相连接。

（2）保护接零。

1）城防、人防、隧道等潮湿或条件特别恶劣施工现场的电气设备必须采用保护接零。

2）在 TN 系统中，下列电气设备不带电的外露可导电部分，可不做保护接零。

①安装在配电柜、控制柜金属框架和配电箱的金属箱体上，且与其可靠电气连接的电气测量仪表、电流互感器、电器的金属外壳。

②在木质、沥青等不良导电地坪的干燥房间内，交流电压 380V 及以下的电气装置金属外壳（当维修人员可能同时触及电气设备金属外壳和接地金属物件时除外）。

3）在 TN 系统中，下列电气设备不带电的外露可导电部分应做保护接零。

①配电柜与控制柜的金属框架。

②电气设备传动装置的金属部件。

③电动机、变压器、电器、照明器具、手持式电动工具的金属外壳。

④配电装置的金属箱体、框架及靠近带电部分的金属围栏和金属门。

⑤安装在电力线路杆（塔）上的开关、电容器等电气装置的金属外壳及支架。

⑥电力线路的金属保护管、敷线的钢索、起重机的底座和轨道、滑升模板金属操作平台等。

（3）接地与接地电阻。

1）移动式发电机供电的用电设备，其金属外壳或底座应与发电机电源的接地装置有可靠的电气连接。

2）在 TN 系统中，严禁将单独敷设的工作零线再做重复接地。

3）每一接地装置的接地线应采用两根及以上导体，在不同点与接地体做电气连接；不得采用铝导体做接地体或地下接地线。垂直接地体宜采用角钢、钢管或光面圆钢，不得采用螺纹钢；接地可利用自然接地体，但应保证其电气连接和热稳定。

4）TN 系统中的保护零线除必须在配电室或总配电箱处做重复接地外，还必须在配电系统的中间处和末端处做重复接地；在 TN 系统中，保护零线每一处重复接地装置的接地电阻值不应大于10Ω。在工作接地电阻值允许达到10Ω 的电力系统中，所有重复接地的等效电阻值不应大于10Ω。

5）单台容量超过 100kV·A 或使用同一接地装置并联运行且总容量超过100kV·A 的电力变压器或发电机的工作接地电阻值不得大于4Ω。

单台容量不超过 100kV·A 或使用同一接地装置并联运行且总容量不超过100kV·A 的电力变压器或发电机的工作接地电阻值不得大于10Ω。

在土壤电阻率大于 1000Ω·m 的地区，当达到上述接地电阻值有困难时，工作接地电阻值可提高到30Ω。

6）在有静电的施工现场内，对集聚在机械设备上的静电应采取接地泄漏措施。每组专设的静电接地体的接地电阻值不应大于100Ω，高土壤电阻率地区不应大于1000Ω。

7）移动式发电机系统接地应符合电力变压器系统接地的要求。下列情况可不另做保护接零。

①不超过两台的用电设备由专用的移动式发电机供电，供、用电设备间距不超过50m，且供、用电设备的金属外壳之间有可靠的电气连接时。

②移动式发电机和用电设备固定在同一金属支架上，且不供给其他设备用电时。

（4）防雷。

1）施工现场内的起重机、井字架、龙门架等机械设备，以及钢脚手架和正在施工的在建工程等的金属结构，当在相邻建筑物、构筑物等设施的防雷装置接闪器的保护范围以外时，应按表 4-5 的规定安装防雷装置；当最高机械设备上避雷针（接闪器）的保护范围能覆盖其他设备，且又最后退出现场，则其他设备可不设防雷装置。

表 4-5　　　　施工现场内机械设备及高架设施须安装防雷装置的规定

地区年平均雷暴日/d	机械设备高度/m
≤15	≥50
>15，<40	≥32
≥40，<90	≥20
≥90 及雷害特别严重地区	≥12

2）机械设备上的避雷针（接闪器）长度应为 1～2m。塔式起重机可不另设避雷针（接闪器）。

3）做防雷接地机械上的电气设备，所连接的 PE 线必须同时做重复接地，同一台机械电气设备的重复接地和机械的防雷接地可共用同一接地体，但接地电阻应符合重复接地电阻值的要求。

4）安装避雷针（接闪器）的机械设备，所有固定的动力、控制、照明、信号及通信线路，宜采用钢管敷设。钢管与该机械设备的金属结构体应做电气连接。

5）机械设备或设施的防雷引下线可利用该设备或设施的金属结构体，但应保证电气连接。

6）施工现场内所有防雷装置的冲击接地电阻值不得大于 30Ω。

7）在土壤电阻率低于 200Ω·m 区域的电线杆可不另设防雷接地装置，但在配电室的架空进线或出线处应将绝缘子铁脚与配电室的接地装置相连接。

四、现场施工消防安全

1. 现场消防机构建设、人员配备、消防安全职责

（1）机构建设、人员配备。施工企业的消防保卫工作必须按照"谁主管，谁负责"的原则，确定一名主要领导负责此项工作。实行施工总承包的，由总承包

方负责。分包企业向总包企业负责，接受总承包企业的统一领导和监督检查。施工现场应根据工程规模，建立相应的保卫、消防组织，配备保卫、消防人员。

（2）消防安全职责。施工单位应当履行下列消防安全义务：

1）制定并落实消防安全管理措施和消防安全操作规程。

2）建立本项目消防安全责任考核奖惩制度。

3）开展消防安全宣传教育和消防知识培训。

4）进行经常性的内部防火安全检查，及时制止、纠正违法违章行为，发现并消除火灾隐患。

5）按规定配备消防设施、器材并指定专人维护管理，保证消防设施、器材的正常有效使用。

6）按规定设置安全疏散指示标志和应急照明设施，保证消防安全疏散指示标志、应急照明处于正常状态。

7）保证疏散通道、安全出口畅通。不得占用疏散通道或在疏散通道、安全出口上设置影响疏散的障碍物，不得在生产工作期间封闭安全出口，不得遮挡安全疏散指示标志。

8）消防值班人员、巡逻人员坚守岗位，不得擅离职守。

9）火灾发生后及时报警，迅速组织扑救和人员疏散。不得不报、迟报、谎报火警，或者隐瞒火灾情况。

10）制订并完善火灾扑救和应急疏散预案，并至少每半年进行一次演练。

11）对项目施工人员至少每年进行一次消防安全培训。

12）建立健全并统一保管消防档案。消防档案应当翔实和全面反映本单位消防安全工作的基本情况，并根据情况变化及时补充、更新。

13）严格落实有关动用明火的管理制度。公众聚集场所在营业期间禁止动火施工；在非营业期间施工需要使用明火时，施工单位和使用单位应当共同采取措施，将施工区和使用区进行防火分隔，清除动火区域的易燃物、可燃物，配备消防器材，专人监护，保证施工和使用范围的消防安全。

14）在消防安全重点部位设置明显的防火标志，实行严格管理。

（3）义务消防队组织。施工现场应当根据消防法规的有关规定，建立义务消防队，配备相应的消防装备、器材，并组织开展消防业务学习和灭火技能训练，提高预防和扑救火灾的能力。

1）义务消防队组建原则。

①义务消防队（组）的人员数，一般不得少于职工总数的 5%～10% 的比例

标准建队；火灾危险性较大的按不少于职工总数的30%建队；各种物资仓库不少于70%的比例建队。

②义务消防队员力求精干，应选拔热爱消防工作，身体健康的生产骨干、班组长、特殊工种的职工群众参加。

③施工现场防火负责人是义务消防组织的组织指挥者。义务消防队一般应设正副队长，应由具有一定组织能力，熟悉消防基本知识的安全保卫部门人员担任。

④义务消防队可根据实际需要与可能建立防火宣传、检查、火灾扑救等小组。在进行火灾扑救时，一般分为灭火组、抢救组、通信组、警戒组等。

⑤义务消防队应建立必要的学习、训练、执勤制度。定期组织队员学习消防知识，训练扑救初起火灾的技能。每年至少集中整训一次。队员调离岗位要及时补充调整，使队伍保持充足的力量。

2）义务消防队应达到的"两知，三会"标准。

①两知：知防火知识、知灭火知识。

②三会：会报火警、会疏散自救、会协助救援。

2. 防火宣传标志设置

施工现场要有明显的防火宣传标志。

（1）宣传标语（每年市消防局下发的宣传标语）：施工现场应挂有宣传标语，主要有：

1）预防为主，防消结合。

2）遵守消防法律法规，减少火灾事故发生。

3）增强防火意识，掌握逃生常识。

4）严禁圈占消防设施，确保疏散通道畅通。

5）居安思危，防患于未然。

6）消除火灾隐患，构建和谐社会。

7）隐患险于明火，防范胜于救灾，责任重于泰山。

（2）宣传标志。

1）指示标志：紧急出口、疏散通道方向、水泵结合器、火警电话、灭火设备、灭火器、地下消火栓。

2）禁止标志：禁止阻塞、禁止吸烟、禁止烟火、禁止放易燃物、禁止燃放鞭炮等。

3）警告标志：当心火灾——易燃物质、当心火灾——氧化物。

3. 防火检查和巡查

（1）防火巡查。施工单位必须明确专人应当进行每日防火巡查，并确定巡查的人员、内容、部位和频次。巡查的内容包括：

1）用火、用电有无违章情况。

2）安全出口、疏散通道是否畅通，安全疏散指示标志、应急照明是否完好。

3）消防设施、器材和消防安全标志是否在位、完整。

4）消防安全重点部位的人员在岗情况。

防火巡查人员应当及时纠正违章行为，妥善处置火灾危险，无法当场处置的，应当立即报告。发现初起火灾，应当立即报警并及时扑救。防火巡查应当填写巡查记录，巡查人员及其主管人员应当在巡查记录上签名。

（2）防火检查。

1）火灾隐患的整改以及防范措施的落实情况。

2）安全疏散通道、疏散指示标志、应急照明和安全出口情况。

3）消防车道、消防水源情况。

4）灭火器材配置及有效情况。

5）用火、用电有无违章情况。

6）重点工种人员以及其他员工消防知识的掌握情况。

7）消防安全重点部位的管理情况。

8）易燃易爆危险物品和场所防火防爆措施的落实情况以及其他重要物资的防火安全情况。

9）消防值班情况和设施运行、记录情况。

10）防火巡查情况。

11）消防安全标志的设置情况和完好、有效情况。

12）其他需要检查的内容。

防火检查应填写检查记录。检查人员和被检查单位（部门）负责人应在检查记录上签名。

4. 明火作业的管理

（1）电焊、气焊规定。

1）电、气焊作业人员必须经公安消防监督部门委托的单位考试合格后方能上岗。

2）电、气焊作业前必须经单位防火负责人或保卫消防部门审批，办理动火证。用火审批人员要对用火地点情况明、底数清，不具备消防安全条件的不得开具用（动）火证，危险性较大的要到现场查看并采取严格的安全措施。作业人员必须按动火证限定的时间、地点、范围进行电气焊割作业，用火证当日有效。用火地点变换，要重新办理用火证手续，作业结束，交回动火证。

3）电、气焊割作业前，必须仔细检查作业地点的安全状况。必须清除周围一切可燃物，备足必要的灭火器材或灭火用水，并设专人现场监护。

4）焊、割存放过化学危险物品的容器或设备，在处于危险状况时不得进行焊割。必须采取安全清洗后，方准进行焊割。

5）焊割操作不准与油漆、喷漆、木工等易燃易爆操作同部位、同时间上下交叉作业。严禁在有火灾爆炸危险的场所进行焊割作业。

6）电焊机必须设立专用地线，不准将地线搭接在建筑物、机器设备或各种管道、金属架上。

7）氧气瓶导管、软管、瓶阀及减压阀不得与油脂、沾油物品接触。氧气瓶和乙炔瓶应分开放置，并不得倾倒和受热。

8）焊工要严格遵守操作规程，点火前要检查焊割器具软管、接口螺钉是否处于安全状态。

9）在遇有 5 级以上大风等恶劣天气时，高空、露天焊割作业应停止。

10）作业完毕或焊工离开现场时，必须切断气源、电源，检查现场，确无火险方可离去。

（2）焊工的"十不焊、割"。

1）焊工没有操作证，不能进行焊割作业。

2）未办理动火审批手续，不能擅自进行焊割作业。

3）焊工不了解焊、割现场情况，不能盲目焊割。

4）焊工不了解焊、割件内部是否安全，不能焊割。

5）盛过有可燃气体、易燃液体、有毒物质的各种容器，未经彻底清洗前，大型油罐、气桶清洗后，未经气体测爆或测爆后间隔 2h 以上时，不能焊割。

6）用可燃材料做保温、隔声、隔热的部位，火花能飞溅到的地方，在未采取切实可靠的安全措施前，不能焊割。

7）有压力或密封的容器、管道不得焊割。

8）焊割部位附近堆有易燃、易爆的物品，在未彻底清理或未采取安全有效措施前，不能进行焊割。

9）与外单位相接触的部位，在没有弄清外单位有否影响，或明知存在危险又未采取有效的安全措施前，不能焊割。

10）焊割场所与附近其他工程互相有抵触时，不能焊割。

（3）燃气用火规定。

1）不得在建设工程内和生产区域使用液化石油气。

2）钢瓶到期应进行年检，并与供气单位签订安全供气协议，并留存为其供气储罐站的燃气经营许可证。

3）不得在用可燃性材料做夹芯的彩钢板房内使用液化石油气。

4）施工单位生活区食堂燃气用火必须符合燃气规定，用火点和燃气罐不能放置在同一房间内。

5）施工单位应当对室内燃气设施和用气设备进行日常检查，发现室内燃气或者用气设备异常、燃气泄漏时，应当关闭阀门、开窗通风，禁止在现场动用明火、开关电器、拨打电话，并及时向燃气供应单位报修。

6）燃气罐运输和使用过程中的规定如下。

①禁止倒灌瓶装液化气。

②禁止摔、砸、滚动、倒置气瓶。

③严禁用烘、烤、煮、蒸等方法加热气瓶。

④禁止倾倒瓶内残液或者拆修瓶阀等附件。

⑤使用明火检查燃气泄漏。

⑥装卸时严禁抛撞。

⑦使用时要有专人管理，停火时要将总开关关闭，经常检查有无泄漏。

7）地下建筑严禁储存和使用液化石油气。

8）严禁使用无年检合格证或已过使用期限报废的液化气瓶。

9）冬期施工严禁工程内采取明火保温施工，宿舍内严禁明火取暖。

10）施工现场内禁止吸烟。

11）施工现场严禁存放、燃放烟花爆竹。

5. 消防器材的配备

（1）建筑灭火器的配置方法。

1）根据各灭火器配备场所内的使用性质、危险等级、可燃物数量、火灾蔓延速度以及扑救难度等因素划分为三级。即严重危险级、中危险级、轻危险级。要根据规范的要求（见《建筑灭火器配置设计规范》附录二）确定配置场所的危险等级。

2）确定各灭火器配置场所的火灾种类。火灾种类应根据物质及其燃烧特性划分为以下几类。

A 类火灾：指含固体可燃物，如木材、棉、麻、纸张等燃烧的火灾。

B 类火灾：指甲、乙、丙类液体，如汽油、煤油、柴油、甲醇、乙醚、丙酮等燃烧的火灾。

C 类火灾：指可燃气体，如煤气、天然气、甲烷、乙炔、氢气等燃烧的火灾。

D 类火灾：指可燃金属，如钾、钠、镁、钛、锆、铝镁合金等燃烧的火灾。

E 类火灾：（带电火灾）指带电物体燃烧的火灾。

（2）灭火器的选择。

1）扑救 A 类火灾应选用水型、泡沫、磷酸铵盐干粉、卤代烷型灭火器。

2）扑救 B 类火灾应选用干粉、泡沫、卤代烷、二氧化碳型灭火器，扑救极溶性溶剂 B 类火灾不得选用化学泡沫灭火器。

3）扑救 C 类火灾应选用干粉、卤代烷、二氧化碳型灭火器。

4）扑救带电火灾应选用卤代烷、二氧化碳、干粉型灭火器。

5）扑救 ABC 类火灾和带电火灾应选用磷酸铵盐干粉、卤代烷型灭火器。

（3）灭火器的设置。

1）灭火器应设置在明显和便于取用的地点，且不得影响安全疏散。

2）灭火器应设置稳固，其铭牌必须朝外。

3）手提式灭火器宜设置在挂钩、托架上或灭火器箱内，其顶部离地面高度应小于 1.5m；底部离地面高度不宜小于 0.15m。

4）一个灭火器配置场所内的灭火器不能少于 2 具。每个设置点的灭火器不宜多于 5 具。

（4）灭火器的维护保养。

1）使用单位必须加强对灭火器的日常管理和维护，定期进行维护保养和维修检查。建立维护管理档案，明确维护管理责任人，并且对维护情况进行定期检查。灭火器的档案资料，应记明配置类型、数量、设置位置、检查维修单位（人员）、更换药剂时间等有关情况。

2）单位应当至少每 12 个月组织或委托维修单位对所有灭火器进行一次功能性检查。灭火器不论已经使用还是未使用，距出厂日期满 5 年，以后每隔 2 年，必须进行水压试验等检查。凡使用过和失效不能使用的灭火器，必须更换已损件和重新充装灭火剂和驱动气体。凡干粉灭火器距出厂日期满 10 年的，二氧化碳灭火器距出厂日期满 12 年的，均应予以强制报废，重新选配灭火器。

6. 消防设施设置及消防道路

（1）消火栓。

1）施工现场消火栓应布局合理，消防干管直径不小于 100mm，消火栓处昼夜要设明显标志，配备足够的水龙带，周围 3m 内不得存放物品。

2）地下消火栓必须符合防火规范。

（2）消防竖管设置、泵房的配置要求。

1）超过 24m 的建设工程，应当安装临时消防竖管，管径不得小于 75mm，每层设消火栓口，配备足够的水龙带。消防供水要保证足够的水源和水压，严禁消防竖管作为施工用水管线。

2）消防竖管应设置水泵接合器，满足施工现场火灾扑救的消防供水要求。

3）在正式消防给水系统投入使用前，不得拆除或者停用临时消防竖管。

4）消防泵房应用非燃材料建造，位置设置合理，便于操作，并设专人管理，保证消防供水。

5）消防泵的专用配电线路，应引自施工现场总断路器的上端，要保证连续不间断供电。

依据公安部第 61 号令规定：单位应当按照建筑消防设施检查维修保养有关规定的要求，对建筑消防设施的完好有效情况进行检查和维修保养。

（3）施工现场消防道路。施工现场必须设置临时消防车道。其宽度不得小于 3.5m，并保证临时消防车道畅通，禁止在临时车道上堆物、堆料或挤占临时消防车道。

7. 施工材料存放与使用

施工材料、易燃可燃材料的存放、清理，易燃易爆物品的存放要求、防火措施，氧气、乙炔瓶的使用与存放，要求如下。

（1）施工暂设和施工现场使用的安全网、围网和保温材料应当符合消防安全规范，不得使用易燃或者可燃材料。

（2）施工单位应当按照仓库防火安全管理规则存放、保管施工材料。

（3）建设工程内不准存放易燃易爆化学危险物品和易燃可燃材料。对易燃易爆化学危险物品和压缩可燃气体容器等，应当按其性质设置专用库房分类存放。施工中使用易燃易爆化学危险物品时，应当制定防火安全措施；不得在作业场所分装、调料；不得在建设工程内使用液化石油气；使用后的废弃易燃易爆化学危险物料应当及时清除。

（4）在肥槽内防水施工作业应有双向疏散梯道。

（5）氧气瓶、乙炔瓶工作间距不得小于 5m，两瓶与明火作业距离不得小于 10m。建筑工程内禁止存放氧气瓶、乙炔瓶。

8. 现场住宿及临建房屋消防

（1）在建建筑工程主体内不得设置员工集体宿舍及可燃材料库房，设置的非燃品库房内不得住宿人员。

（2）在建设工程外设置宿舍的，禁止使用可燃材料做分隔和使用电热器具。设置的应急照明和疏散指示标志应当符合有关消防安全要求。

（3）临建房屋消防规定。

1）施工现场临建房屋要选非燃建材；用作办公、住宿的临建房屋设置区与作业区应当分开，并保持安全距离。

2）临建房屋应由具备电工资格的人员统一安装电气线路，电气线路应采用金属管或经阻燃处理的难燃型硬质塑料管保护，且不应敷设在易燃、可燃结构内。

3）建设工程总承包单位负责施工现场临建房屋消防安全管理工作。总承包单位主要负责人是单位的消防安全责任人，对本单位的消防安全工作全面负责。

4）施工总承包单位应结合临建房屋的性质，制定消防安全管理措施。

5）办公区、宿舍区应制订火灾时人员应急疏散预案，并每年入冬前组织一次演练。

6）施工单位应将施工作业区与生活区等分开设置。建筑工程主体结构与非施工作业区临建房屋的防火间距不得小于 10m。生活区、办公区域内采用非燃材料搭建的临时房屋之间的防火间距不得小于 4m。

7）施工现场临建房屋内各房间建筑面积超过 $60m^2$ 时，至少设置两个疏散门。多层施工现场临建房屋的疏散楼梯不应少于两部且应分散布置，设置两部疏散楼梯确有困难时，可设置一部金属竖向梯作为第二安全出口。

8）施工现场临建房屋内未经消防保卫人员和电气主管人员批准不得使用电热器具，严禁私接乱拉电线、明火取暖。

9. 保温材料使用管理

（1）施工总承包单位对施工现场保温材料的消防安全使用情况负全责，并制订相应的消防安全管理制度，各分包单位要具体落实其各项安全制度。建设方指定分包的工程，建设方应对其分包的单位负责管理并承担管理责任。

（2）施工单位应选用经过阻燃处理的保温材料（氧指数检测结果判定为 B1 级），并留存相关检测报告存档备查。

（3）严格落实施工现场用火用电措施，总包单位统一开具动火证，并由安全员和看火人共同核查动火点周围环境后，10m范围内无可燃易燃物方可动火施工；保温材料施工周围10m范围内禁止动火作业；禁止动火动焊与铺设保温材料交叉作业，防止引发火灾事故。

（4）施工期间，施工单位应加强保温材料的存放管理，随时清理遗留在施工现场废弃的保温材料。

（5）保温作业应分区段施工，各区段间应保持一定的防火间距，同时做到边固定保温材料、边涂抹水泥砂浆，尽量缩短保温材料裸露时间。

10. 消防安全教育和培训

（1）施工单位应开展下列消防安全教育工作。

1）施工单位应定期开展形式多样的消防安全宣传教育。

2）建设工程施工前应对施工人员进行消防安全教育。

3）在建设工地醒目位置、施工人员集中住宿场所设置消防安全宣传栏，悬挂消防安全挂图和消防安全警示标识；对新上岗和进入新岗位的职工（施工人员）进行上岗前消防安全培训。

4）对在岗的职工（施工人员）至少每年进行一次消防安全培训。

5）施工单位至少每半年组织一次灭火和应急疏散演练。

6）对明火作业人员进行经常性的消防安全教育。

（2）总承包单位要组织分包单位管理人员、保安、成品保护人员以及施工人员等进行全员消防安全教育培训，教育培训应当包括：

1）有关消防法规、消防安全制度和保障消防安全的操作规程；

2）本岗位的火灾危险性和防火措施；

3）有关消防设施的性能、灭火器材的使用方法；

4）报火警、扑救初起火灾以及自救逃生的知识和技能。

（3）施工单位应落实电焊、气焊、电工等特殊工种作业人员持证上岗制度，电焊、气焊等危险作业前，应对作业人员进行消防安全教育，强化消防安全意识，落实危险作业施工安全措施。

（4）通过消防宣传进企业，职工要做到"三知三会"，即知道本岗位的火灾危险性、知道消防安全措施、知道灭火方法；会正确报火警、会扑救初起火灾、会组织疏散人员。

第五章

绿色、文明施工

一、绿色施工

1. 绿色施工概念和原则

(1) 绿色施工基本概念。建设工程施工阶段严格按照建设工程规划、设计要求，通过建立管理体系和管理制度，采取有效的技术措施，全面贯彻落实国家关于资源节约和环境保护的政策，最大限度节约资源，减少能源消耗，降低施工活动对环境造成的不利影响，提高施工人员的职业健康安全水平，保护施工人员的安全与健康。工程建设中，在保证质量、安全等基本要求的前提下，通过科学管理和技术进步，最大限度地节约资源与减少对环境负面影响的施工活动，实现"四节一环保"（节能、节地、节水、节材和环境保护）。

(2) 绿色施工应符合国家的法律、法规及相关的标准规范，实现经济效益、社会效益和环境效益的统一。实施绿色施工，应依据因地制宜的原则，贯彻执行国家、行业和地方相关的技术经济政策。运用 ISO14000 和 ISO18000 管理体系，将绿色施工有关内容分解到管理体系目标中去，使绿色施工规范化、标准化。

(3) 绿色施工是建筑全寿命周期中的一个重要阶段。实施绿色施工，应进行总体方案优化。在规划、设计阶段，应充分考虑绿色施工的总体要求，为绿色施工提供基础条件。实施绿色施工，应对施工策划、材料采购、现场施工、工程验收等各阶段进行控制，加强对整个施工过程的管理和监督。

(4) 鼓励各地区开展绿色施工的政策与技术研究，发展绿色施工的新技术、新设备、新材料与新工艺，推行应用示范工程。

2. 绿色施工管理

绿色施工管理主要包括组织管理、规划管理、实施管理、评价管理和人员安全与健康管理五个方面。

(1) 组织管理。

1）建立绿色施工管理体系，并制定相应的管理制度与目标。

2）项目经理为绿色施工第一责任人，负责绿色施工的组织实施及目标实现，并指定绿色施工管理人员和监督人员。

（2）规划管理。

编制绿色施工方案。该方案应在施工组织设计中独立成章，并按有关规定进行审批。绿色施工方案应包括以下内容：

1）环境保护措施，制订环境管理计划及应急救援预案，采取有效措施，降低环境负荷，保护地下设施和文物等资源。

2）节材措施，在保证工程安全与质量的前提下，制定节材措施。如进行施工方案的节材优化，建筑垃圾减量化，尽量利用可循环材料等。

3）节水措施，根据工程所在地的水资源状况，制定节水措施。

4）节能措施，进行施工节能策划，确定目标，制定节能措施。

5）节地与施工用地保护措施，制定临时用地指标、施工总平面布置规划及临时用地节地措施等。

（3）实施管理。

1）绿色施工应对整个施工过程实施动态管理，加强对施工策划、施工准备、材料采购、现场施工、工程验收等各阶段的管理和监督。

2）应结合工程项目的特点，有针对性地对绿色施工做相应的宣传，通过宣传营造绿色施工的氛围。

3）定期对职工进行绿色施工知识培训，增强职工绿色施工意识。

（4）评价管理。

1）对照本导则的指标体系，结合工程特点，对绿色施工的效果及采用的新技术、新设备、新材料与新工艺，进行自评估。

2）成立专家评估小组，对绿色施工方案、实施过程至项目竣工，进行综合评估。

（5）从业人员安全与健康管理。

1）制订施工防尘、防毒、防辐射等职业危害的措施，保障施工人员的长期职业健康。

2）合理布置施工场地，保护生活及办公区不受施工活动的有害影响。施工现场建立卫生急救、保健防疫制度，在安全事故和疾病疫情出现时提供及时救助。

3）提供卫生、健康的工作与生活环境，加强对施工人员的住宿、膳食、饮用水等生活与环境卫生等管理，明显改善施工人员的生活条件。

3. 绿色施工资源节约

（1）节约土地。

1）建设工程施工总平面规划布置应优化土地利用，减少土地资源的占用。施工现场的临时设施建设禁止使用黏土砖。

2）土方开挖施工应采取先进的技术措施，减少土方开挖量，最大限度地减少对土地的扰动，保护周边自然生态环境。

3）红线外临时占地应尽量使用荒地、废地，少占用农田和耕地。工程完工后，及时对红线外占地恢复原地形、地貌，使施工活动对周边环境的影响降至最低。

4）利用和保护施工用地范围内原有绿色植被。对于施工周期较长的现场，可按建筑永久绿化的要求，安排场地新建绿化。

（2）节能。

1）施工现场应制定节能措施，提高能源利用率，对能源消耗量大的工艺必须制定专项降耗措施。

2）临时设施的设计、布置与使用，应采取有效的节能降耗措施，并符合下列规定。

①利用场地自然条件，合理设计办公及生活临时设施的体形、朝向、间距和窗墙面积比，冬季利用日照并避开主导风向，夏季利用自然通风。

②临时设施宜选用由高效保温隔热材料制成的复合墙体和屋面，以及密封保温隔热性能好的门窗。

③规定合理的温、湿度标准和使用时间，提高空调和采暖装置的运行效率。

④照明器具宜选用节能型器具。照度不应超过最低照度的20%。

⑤临时用电优先选用节能电线和节能灯具，临时用电线路合理设计、布置，临时用电设备宜采用自动控制装置。采用声控、光控等节能照明灯具。

3）在施工组织设计中，合理安排施工顺序、工作面，以减少作业区域的机具数量，相邻作业区充分利用共有的机具资源。安排施工工艺时，应优先考虑耗用电能的或其他能耗较少的施工工艺，避免设备额定功率远大于使用功率或超负荷使用设备的现象。

4）根据当地气候和自然资源条件，充分利用太阳能、地热等可再生能源。

5）施工现场机械设备管理应满足下列要求。

①施工机械设备应建立按时保养、保修、检验制度。

②施工机械宜选用高效节能电动机。选择功率与负载相匹配的施工机械设备，避免大功率施工机械设备低负载长时间运行。机电安装可采用节电型机械设备，如逆变式电焊机和能耗低、效率高的手持电动工具等，以利节电。机械设备宜使用节能型油料添加剂，在可能的情况下，考虑回收利用，节约油量。

③220V/380V单相用电设备接入220/380V三相系统时，宜使用三相平衡。

④合理安排工序，提高各种机械的使用率和满载率。

6）建设工程施工应实行用电计量管理，严格控制施工阶段用电量。

7）施工现场宜充分利用太阳能。

8）建筑施工使用的材料宜就地取材。

（3）节水。

1）建设工程施工应实行用水计量管理，严格控制施工阶段用水量。

2）施工现场生产、生活用水必须使用节水型生活用水器具，在水源处应设置明显的节约用水标识。

3）建设工程施工应采取地下水资源保护措施，新开工的工程限制进行施工降水。因特殊情况需要进行降水的工程，必须组织专家论证审查。

4）施工现场应充分利用雨水资源，保持水体循环，有条件的宜收集屋顶、地面雨水再利用。

5）施工现场应设置废水回收设施，对废水进行回收后循环利用。

6）非传统水源利用。

①优先采用中水搅拌、中水养护，有条件的地区和工程应收集雨水养护。

②处于基坑降水阶段的工地，宜优先采用地下水作为混凝土搅拌用水、养护用水、冲洗用水和部分生活用水。

③现场机具、设备、车辆冲洗、喷洒路面、绿化浇灌等用水，优先采用非传统水源，尽量不使用市政自来水。

④大型施工现场，尤其是雨量充沛地区的大型施工现场建立雨水收集利用系统，充分收集自然降水用于施工和生活中适宜的部位。

⑤力争施工中非传统水源和循环水的再利用量大于30%。

⑥在非传统水源和现场循环再利用水的使用过程中，应制定有效的水质检测与卫生保障措施，确保避免对人体健康、工程质量以及周围环境产生不良影响。

（4）节约材料与资源利用。

1）优化施工方案，选用绿色材料，积极推广新材料、新工艺，促进材料的合理使用，节省实际施工材料消耗量。

2）根据施工进度、材料周转时间、库存情况等制订采购计划，并合理确定采购数量，避免采购过多，造成积压或浪费。

3）对周转材料进行保养维护，维护其质量状态，延长其使用寿命。按照材料存放要求进行材料装卸和临时保管，避免因现场存放条件不合理而导致浪费。

4）依照施工预算，实行限额领料，严格控制材料的消耗。

5）施工现场应建立可回收再利用物资清单，制定并实施可回收废料的回收管理办法，提高废料利用率。

6）根据场地建设现状调查，对现有的建筑、设施再利用的可能性和经济性进行分析，合理安排工期。利用拟建道路和建筑物，提高资源再利用率。

7）建设工程施工所需临时设施（办公及生活用房、给排水、照明、消防管道及消防设备）应采用可拆卸可循环使用材料，并在相关专项方案中列出回收再利用措施。

8）结构材料。

①推广使用预拌混凝土和商品砂浆。准确计算采购数量、供应频率、施工速度等，在施工过程中动态控制。结构工程使用散装水泥。

②推广使用高强钢筋和高性能混凝土，减少资源消耗。

③推广钢筋专业化加工和配送。

④优化钢筋配料和钢构件下料方案。钢筋及钢结构制作前应对下料单及样品进行复核，无误后方可批量下料。

⑤优化钢结构制作和安装方法。大型钢结构宜采用工厂制作，现场拼装；宜采用分段吊装、整体提升、滑移、顶升等安装方法，减少方案的措施用材量。

⑥采取数字化技术，对大体积混凝土、大跨度结构等专项施工方案进行优化。

9）围护材料。

①门窗、屋面、外墙等围护结构选用耐候性及耐久性良好的材料，施工确保密封性、防水性和保温隔热性。

②门窗采用密封性、保温隔热性能、隔音性能良好的型材和玻璃等材料。

③屋面材料、外墙材料具有良好的防水性能和保温隔热性能。

④当屋面或墙体等部位采用基层加设保温隔热系统的方式施工时，应选择高效节能、耐久性好的保温隔热材料，以减小保温隔热层的厚度及材料用量。

⑤屋面或墙体等部位的保温隔热系统采用专用的配套材料，以加强各层次之间的黏结或连接强度，确保系统的安全性和耐久性。

⑥根据建筑物的实际特点，优选屋面或外墙的保温隔热材料系统和施工方式，如保温板粘贴、保温板干挂、聚氨酯硬泡喷涂、保温浆料涂抹等，以保证保温隔热效果，并减少材料浪费。

⑦加强保温隔热系统与围护结构的节点处理，尽量降低热桥效应。针对建筑物的不同部位保温隔热特点，选用不同的保温隔热材料及系统，以做到经济适用。

10）装饰装修材料。

①贴面类材料在施工前，应进行总体排版策划，减少非整块材的数量。

②采用非木质的新材料或人造板材代替木质板材。

③防水卷材、壁纸、油漆及各类涂料基层必须符合要求，避免起皮、脱落。各类油漆及黏结剂应随用随开启，不用时及时封闭。

④幕墙及各类预留预埋应与结构施工同步。

⑤木制品及木装饰用料、玻璃等各类板材等宜在工厂采购或定制。

⑥采用自粘类片材，减少现场液态黏结剂的使用量。

11）周转材料。

①应选用耐用、维护与拆卸方便的周转材料和机具。

②优先选用制作、安装、拆除一体化的专业队伍进行模板工程施工。

③模板应以节约自然资源为原则，推广使用定型钢模、钢框竹模、竹胶板。

④施工前应对模板工程的方案进行优化。多层、高层建筑使用可重复利用的模板体系，模板支撑宜采用工具式支撑。

⑤优化高层建筑的外脚手架方案，采用整体提升、分段悬挑等方案。

⑥推广采用外墙保温板替代混凝土施工模板的技术。

⑦现场办公和生活用房采用周转式活动房。现场围挡应最大限度地利用已有围墙，或采用装配式可重复使用围挡封闭。力争工地临时用房、临时围挡材料的可重复使用率达到70%。

4. 发展绿色施工的新技术、新设备、新材料与新工艺

（1）施工方案应建立推广、限制、淘汰公布制度和管理办法。发展适合绿色施工的资源利用与环境保护技术，对落后的施工方案进行限制或淘汰，鼓励绿色施工技术的发展，推动绿色施工技术的创新。

（2）大力发展现场监测技术、低噪声的施工技术、现场环境参数检测技术、自密实混凝土施工技术、清水混凝土施工技术、建筑固体废弃物再生产品在墙体材料中的应用技术、新型模板及脚手架技术的研究与应用。

（3）加强信息技术应用，如绿色施工的虚拟现实技术、三维建筑模型的工程量自动统计、绿色施工组织设计数据库建立与应用系统、数字化工地、基于电子商务的建筑工程材料、设备与物流管理系统等。通过应用信息技术，进行精密规划、设计、精心建造和优化集成，实现与提高绿色施工的各项指标。

二、环境保护

1. 环境保护一般规定

（1）工程的施工组织设计中应有防治扬尘、噪声、固体废物和废水等污染环境的有效措施，并在施工作业中认真组织实施。

（2）施工现场应建立环境保护管理体系，责任落实到人，并保证有效运行。

（3）对施工现场防治扬尘、噪声、水污染及环境保护管理工作进行检查，填写检查记录。

（4）对施工人员进行环境保护培训及考核。

（5）定期对职工进行环保法规知识培训考核。

2. 绿色施工环境保护技术要点

（1）扬尘控制。

1）施工现场主要道路应根据用途进行硬化处理，土方应集中堆放。裸露的场地和集中堆放的土方应采取覆盖、固化或绿化等措施。

2）土方作业阶段，采取洒水、覆盖等措施，运送土方、垃圾、设备及建筑材料等，不污损场外道路。运输容易散落、飞扬、流漏的物料的车辆，必须采取措施封闭严密，保证车辆清洁。

3）施工现场出口应设置洗车槽。

4）结构施工、安装装饰装修阶段，作业区目测扬尘高度小于 0.5m。对易产生扬尘的堆放材料应采取覆盖措施；对粉末状材料应封闭存放；场区内可能引起扬尘的材料及建筑垃圾搬运应有降尘措施，如覆盖、洒水等；浇筑混凝土前清理灰尘和垃圾时尽量使用吸尘器，避免使用吹风器等易产生扬尘的设备；机械剔凿作业时可用局部遮挡、掩盖、水淋等防护措施；高层或多层建筑清理垃圾应搭设封闭性临时专用道或采用容器吊运。

5）遇有 4 级以上大风天气，不得进行土方回填、转运以及其他可能产生扬尘污染的施工。

6）构筑物机械拆除前，做好扬尘控制计划。可采取清理积尘、拆除体洒水、设置隔栅等措施。

7）构筑物爆破拆除前，做好扬尘控制计划。可采用清理积尘、淋湿地面、预湿墙体、屋面敷水袋、楼面蓄水、建筑外设高压喷雾状水系统、搭设防尘排栅和等综合降尘。选择风力小的天气进行爆破作业。

8）在场界四周隔挡高度位置测得的大气总悬浮颗粒物（TSP）月平均浓度与城市背景值的差值不大于 $0.08mg/m^3$。

9）施工现场材料存放区、加工区及大模板存放场地应平整坚实。

10）规划市区范围内的施工现场，混凝土浇筑量超过 $100m^3$ 以上的工程，应当使用预拌混凝土；施工现场应采用预拌砂浆。

11）施工现场进行机械剔凿作业时，作业面局部应遮挡、掩盖或采取水淋等降尘措施。

12）市政道路施工铣刨作业时，应采用冲洗等措施，控制扬尘污染。无机料拌和应采用预拌进场，碾压过程中要洒水降尘。

13）施工现场应建立封闭式垃圾站。建筑物内施工垃圾的清运，必须采用相应容器或管道运输，严禁凌空抛掷。

（2）有害气体排放控制。

1）施工现场严禁焚烧各类废弃物。

2）施工车辆、机械设备的尾气排放应符合国家和当地规定的排放标准。

3）建筑材料应有合格证明。对含有害物质的材料应进行复检，合格后方可使用。

4）民用建筑工程室内装修严禁采用沥青、煤焦油类防腐、防潮处理剂。

5）施工中所使用的阻燃剂、混凝土外加剂氨的释放量应符合国家标准。

（3）水土污染控制。

1）施工现场污水排放应达到国家标准《污水综合排放标准》（GB 8978—1996）的要求。

2）在施工现场应针对不同的污水，设置相应的处理设施，如沉淀池、隔油池、化粪池等。临时厕所化粪池应做抗渗处理。

3）食堂、盥洗室、淋浴间的下水管线应设置过滤网，并应与市政污水管线连接，保证排水畅通。

4）施工现场存放的油料和化学溶剂等物品应设有专门的库房，地面应做防渗漏处理。废弃的油料和化学溶剂应集中处理，不得随意倾倒。

5）保护地下水环境。采用隔水性能好的边坡支护技术。在缺水地区或地下水位持续下降的地区，基坑降水尽可能少地抽取地下水；当基坑开挖抽水量大于50 万 m³ 时，应进行地下水回灌，并避免地下水被污染。

6）对于化学品等有毒材料、油料的储存地，应有严格的隔水层设计，做好渗漏液收集和处理。

7）施工现场搅拌机前台、混凝土输送泵及运输车辆清洗处应当设置沉淀池。废水不得直接排入市政污水管网，可经二次沉淀后循环使用或用于洒水降尘。

8）对于有毒有害废弃物如电池、墨盒、油漆、涂料等应回收后交有资质的单位处理，不能作为建筑垃圾外运，避免污染土壤和地下水。

9）施工后应恢复施工活动破坏的植被（一般指临时占地内）。与当地园林、环保部门或当地植物研究机构进行合作，在先前开发地区种植当地或其他合适的植物，以恢复剩余空地地貌或科学绿化，补救施工活动中人为破坏植被和地貌造成的土壤侵蚀。

（4）噪声与振动控制。

1）现场噪声排放不得超过《建筑施工场界环境噪声排放标准》（GB 12523—2011）的规定。

2）在施工场界对噪声进行实时监测与控制。监测方法执行国家标准《建筑施工场界环境噪声排放标准》。

3）使用低噪声、低振动的机具，采取隔声与隔振措施，避免或减少施工噪声和振动。

4）运输材料的车辆进入施工现场，严禁鸣笛。装卸材料应做到轻拿轻放。

（5）光污染控制。

1）尽量避免或减少施工过程中的光污染。夜间室外照明灯加设灯罩，透光方向集中在施工范围。

2）电焊作业采取遮挡措施，避免电焊弧光外泄。

（6）建筑垃圾控制。

1）制订建筑垃圾减量化计划，如住宅建筑，每万平方米的建筑垃圾不宜超过 400t。

2）加强建筑垃圾的回收再利用，力争建筑垃圾的再利用和回收率达到30%，建筑物拆除产生的废弃物的再利用和回收率大于 40%。对于碎石类、土石方类建筑垃圾，可采用地基填埋、铺路等方式提高再利用率，力争再利用率大于 50%。

3）施工现场生活区设置封闭式垃圾容器，施工场地生活垃圾实行袋装化，及时清运。对建筑垃圾进行分类，并收集到现场封闭式垃圾站，集中运出。

（7）地下设施、文物和资源保护。

1）施工前应调查清楚地下各种设施，做好保护计划，保证施工场地周边的各类管道、管线、建筑物、构筑物的安全运行。

2）施工过程中一旦发现文物，立即停止施工，保护现场并通报文物部门并协助做好工作。

3）避让、保护施工场区及周边的古树名木。

4）逐步开展统计分析施工项目的 CO_2 排放量，以及各种不同植被和树种的 CO_2 固定量的工作。

三、文明施工

1. 施工现场生活区设置

生活区必须设置办公室、传达室（门卫室）、宿舍、食堂、厕所、盥洗设施、淋浴间、开水房、文体活动室、密闭式垃圾箱等临时设施。

（1）宿舍。

1）宿舍内必须保证必要的生活空间，宿舍内住宿人员人均面积不应小于 $2.5m^2$，通道宽度不小于 0.9m，每间宿舍居住人员不得超过 16 人。

2）宿舍内必须设置单人铺，床铺高于地面 0.3m，面积不小于 $1.9m \times 0.9m$，床铺间距不得小于 0.3m，床铺的搭设不得超过 2 层。床头应设有姓名卡。

3）宿舍内应设置生活用品专柜，生活用品摆放整齐。

4）宿舍必须设置可开启式窗户，保持室内通风。

5）宿舍夏季应有防暑降温和防蚊蝇措施，冬季有取暖和防煤气中毒的措施。

（2）食堂。

1）食堂必须设置独立的制作间、库房和燃气罐存放间。

2）食堂应配备必要的排风设施和消毒设施。

3）制作间灶台及其周边应贴瓷砖，地面硬化，保持墙面、地面干净。

4）食堂必须设置隔油池。

5）食堂制作间的下水管线应与污水管线连接，保证排水通畅。

6）制作间必须有生熟分开的刀、盆、案板等炊具及存放柜。

7）库房内应有存放各种佐料和副食的密闭器皿，应有距墙距地面大于 20cm

的粮食存放台。

8）食堂必须设置密闭式泔水桶。

（3）厕所。

1）生活区内必须设置水冲式厕所或移动式厕所。

2）厕所墙壁屋顶严密，门窗齐全，采用水泥地面。

3）厕所大小应根据生活区人员数量要求设置。

（4）盥洗设施。

1）必须设置满足施工人员使用的水池和水龙头。

2）盥洗设施的下水管线应与污水管线连接，必须保证排水通畅。

（5）淋浴间。

1）淋浴间必须设置冷热水管和淋浴喷头，保证施工人员定期洗热水澡。

2）淋浴间内必须设置储衣柜或挂衣架。

3）淋浴间内的下水管线应与污水管线连接，必须保证排水通畅。

4）淋浴间的用电设施必须满足用电安全。照明灯必须安装防爆灯具和防水开关。

（6）文体活动室。应配备电视机、书报、杂志和必要的文体活动用品。

（7）办公室。应配备药箱及一般常用药品以及绷带、止血带等急救器材。

（8）开水房。设置开水炉或饮用水保温桶。

（9）通信设施。生活区内应为施工人员设置必要的通信设施。

2．生活区的管理

（1）总则。

1）生活区是指建设工程施工人员集中居住、生活的场所，包括施工现场以内和施工现场以外独立设立的生活区。

2）生活区由施工总承包企业负责管理。建设单位应为施工企业提供建立生活区的必要条件。

（2）一般要求。

1）生活区与施工区应严格划分，采用专用金属定型材料或砌块进行围挡，且高度不得低于1.8m。

2）生活区必须统筹安排，合理布局，满足安全、消防、卫生防疫、环境保护、防汛、防洪等要求。

3）生活区用房必须安全、牢固、美观，并符合消防安全规范，不得使用易燃材料搭设。

4）生活区各种建筑设施必须符合国家和当地有关安全防范要求。

5）施工企业应定期对生活区住宿人员进行安全、治安、消防、卫生防疫、环境保护、交通等法律法规教育，增强其法制观念。

6）施工企业必须建立健全安全保卫、卫生防疫、消防、生活设施的使用、维修和生活管理等各项管理制度。

（3）卫生和防疫管理。

1）必须严格执行卫生、防疫管理规定，建立卫生防疫管理制度，并制订法定传染病、食物中毒、急性职业中毒等突发疾病应急预案。

2）生活区必须保持清洁卫生，定期清扫和消毒。

3）生活区必须有灭鼠、蚊、蝇、蟑螂等措施。

4）生活区垃圾必须存放在密闭式容器中，并及时清运，不得与建筑垃圾混合运输、消纳。

5）厕所必须设专人负责，及时清扫，定期消毒。

6）生活区应配备卫生监督员，对生活区及个人的卫生情况进行监督检查，并做好记录。

7）施工人员发生法定传染病、食物中毒、急性职业中毒时，必须在2小时内向事故发生地所在区（县）建设行政主管部门和卫生防疫部门报告。按照卫生防疫部门的有关规定及时进行处理。

（4）食品卫生管理。

1）食堂必须具备卫生许可证、炊事人员身体健康证、卫生知识培训证。卫生许可证必须挂在制作间明显处，身体健康证、卫生知识培训证应随身携带以备检查。

2）炊事人员配备两套工作服、帽，上岗必须穿戴洁净的工作服、工作帽，并保持个人卫生。

3）炊具、餐具必须及时清洗，定期消毒。

4）开水炉或盛水容器必须保持清洁，定期清洗消毒，设专人管理。

5）生熟食品必须分开加工和保管，存放成品半成品必须有遮盖。

6）加强食品、原料的进货管理，做好进货登记。严禁购买无照、无证商贩食品和原料。

7）严禁食用变质食物。

8）剩余饭菜应倒入密闭泔水桶中，并及时清运。

9）库房有通风、防潮、防虫、防鼠等措施。库房不得兼做他用。

（5）安全保卫消防管理。

1）生活区实行封闭式管理，出入大门口应有专职门卫，禁止外来人员随意进出，对来访人员进行登记。

2）生活区应配备专、兼职保安人员，负责保卫消防工作的实施。

3）生活区宿舍内不得留宿外来人口，特殊情况必须留宿的，必须经单位有关领导及行政主管部门批准，报保卫人员备查。

4）生活区内必须配备消防器材，消防器材齐全有效。成立义务消防队，明确消防责任人。

5）生活区内的用电设施实行统一管理，用电设施必须符合安全、消防标准。

6）用火点和燃气罐不能放置在同一房间内。

7）生活区内不得存放易燃、易爆、剧毒、放射源等化学危险物品。

（6）环境保护管理。

1）生活区内地面必须平整夯实，并且应有绿化或美化措施。

2）生活垃圾应分类存放。

3）严禁生活垃圾与建筑渣土混合运输、消纳。

4）隔油池必须有专人负责，及时清掏。

5）控制噪声污染，减少对周边居民的影响。

3.施工现场的管理

（1）一般规定。

1）施工作业、材料存放区与办公、生活区应划分清晰，并应采取相应的隔离措施。

2）施工现场大门内应设置施工现场总平面布置图、公共突发事件应急处置流程图和安全生产、消防保卫、环境保护、文明施工制度板。施工现场的各种标识牌字体正确规范、工整美观，并保持整洁完好。

3）应建立门卫值守管理制度，并应配备门卫值守人员。

4）施工人员进入施工现场应佩戴工作卡。

5）在建工程内、食堂、库房不得兼作宿舍。

6）施工现场应使用节水龙头和节能灯具，杜绝长流水和长明灯。

（2）施工围挡及出入口管理。

1）施工现场应实行封闭式管理，市区主要路段围墙（围挡）坚固、严密，高度不得低于 2.5m，一般路段不小于 1.8m。围墙材料宜使用金属定型材料或砌块，其构造连接应确保结构牢固可靠。

2）管线工程以及城市道路工程的施工现场围挡可以连续设置，也可以按工程进度分段设置。特殊情况不能进行围挡的，应当设置安全警示标志，并在工程险要处采取隔离措施。

3）距离交通路口20m范围内设置施工围挡的，围挡1m以上部分应当采用通透性围挡，不得影响交通路口行车视距。

4）施工现场的大门和门柱应牢固美观，大门上应标有企业标识，门卫应统一着装，穿戴整齐。

5）施工现场在大门明显处设置公示牌。公示牌内容应写明工程名称、面积、建筑高度、建设单位、设计单位、施工单位、监理单位、项目经理及联系电话、政府监督人员联系电话、开竣工日期。标牌面积不得小于0.7m×0.5m（长×高），字体为仿宋体，标牌底边距地面不得低于1.2m。

6）施工现场出入口必须设置冲洗车辆的设施或安装专业化洗车设备，出场时必须将车辆清理干净，确保不将泥沙带出现场。清洗运输车辆的污水，应当综合循环利用，或者经沉淀处理并达标后排入公共排水设施以及河道、水库、湖泊、渠道。每日对工地出入口周边定时清扫，保证清洁。

（3）现场场容管理。

1）施工单位应当对施工现场主要道路和模板存放、料具码放等场地进行硬化，其他场地应当进行覆盖或者绿化；土方应当集中堆放并采取覆盖或者固化等措施。建设单位应当对暂时不开发的空地进行绿化。

2）施工单位应当做好施工现场洒水降尘工作，拆除工程进行拆除作业时应当同时进行洒水降尘。

3）现场必须采取排水措施。

4）施工现场脚手架架体必须用绿色密目安全网沿外架内侧进行封闭，密目安全网要定期清理，破损的要及时更换，保持干净、整齐、清洁。

5）施工现场应合理悬挂安全生产宣传标语和警示牌，标牌悬挂牢固可靠，美观大方，特别是主要施工部位、作业面和危险区域以及主要通道口都必须有针对性地悬挂醒目的安全警示牌。

6）施工现场暂设用房整齐、美观。宜采用整体盒子房、复合材料板房类轻体结构活动房，暂设用房外立面必须要美观整洁。

（4）现场环境卫生和卫生防疫管理。

1）建设单位、施工单位应当根据建筑垃圾减排处理和绿色施工有关规定，采取措施减少建筑垃圾的产生，对施工工地的建筑垃圾实施集中分类管理；具备条件的，对工程施工中产生的建筑垃圾进行综合利用。

2）建设单位和承担建筑物、构筑物、城市道路、公路等拆除工程的单位应当在施工前，依法办理渣土消纳许可。

3）建设工程施工现场应当按照标准配套建设生活垃圾分类设施，建设工程施工组织设计（方案）应当包括配套生活垃圾分类设施的用地平面图并标明用地面积、位置和功能。

4）施工现场应当设置密闭式垃圾站用于存放建筑垃圾，建筑垃圾清理应当搭设密闭式专用垃圾通道或者采用容器吊运，严禁随意抛撒。施工现场建筑垃圾的消纳和运输按照当地有关垃圾管理的规定处理。

5）建设工程施工现场产生的建筑垃圾应当分类收集、贮存。

6）建筑垃圾的集中收集设施应当符合国家和当地有关标准，具备密闭、节能、渗沥液处理、防臭、防渗、防尘、防噪声等污染防控措施。

7）建筑垃圾和生活垃圾不得混装混运、乱堆乱放，所使用的建筑垃圾运输车辆必须符合当地统一的标准标识要求的规定，建筑垃圾必须运输到指定场所进行处置，具备条件的可在现场进行就地资源化处置。

8）不得将建筑垃圾混入生活垃圾，不得将危险废物混入建筑垃圾。

9）施工区域、办公区域和生活区域应有明确划分，设标志牌，明确卫生负责人。施工现场办公区域和生活区域应根据实际条件进行绿化。办公室、宿舍和更衣室要保持清洁有序。施工区域内不得晾晒衣物被褥。

10）施工现场合理设置卫生设施，严禁随地大小便。

11）施工现场应制定卫生急救措施，配备保健药箱、一般常用药品及急救器材。

12）现场工人患有法定传染病或是病源携带者，应及时到医院进行就医治疗，直至卫生防疫部门证明不具有传染性时方可恢复工作。

13）对从事有毒有害作业人员应按照《职业病防治法》的规定做职业健康检查，为有毒有害作业人员配备有效的防护用品。

14）施工现场应制定暑期防暑降温和冬季生活取暖措施。

4. 料具管理

（1）现场各种材料、机械设备、配电设施、消防器材等应按照施工现场总平面布置图统一布置，标识清楚。

（2）施工现场应绘制材料堆放平面图，现场内各种材料应按照平面图统一布置，明确各责任区的划分，确定责任人。

（3）场内材料应分类码放整齐，悬挂统一制作的标牌，标明名称、品种、规格、数量等。材料的存放场地应平整夯实，有排水措施。

（4）施工现场应根据各种材料特性建立材料保存、保管制度和措施，制定材料保存、领取、使用的各项制度。

①施工现场不使用的施工材料、施工机具和设备应及时清运出场。

②施工现场材料码放应采取防火、防锈蚀、防雨等措施。

③易燃易爆物品应分类储蓄在专用库房内，并应制定防火措施。

④建筑物内外的零散碎料和垃圾渣土要及时清理，并封闭存放。楼梯踏步、休息平台、阳台等处不得堆放料具和杂物。

⑤施工现场除边坡支护和注浆外，不得搅拌混凝土，现场砂石料存放要符合环境保护要求，散落灰、废砂浆、混凝土必须及时清理。

第六章

危险性较大分项工程安全施工技术

一、土方及基坑工程专项安全施工技术

1. 土方开挖工程施工安全技术

（1）大型土方和开挖较深的基坑工程，施工前要认真研究整个施工区域和施工场地内的工程地质和水文资料、邻近建筑物或构筑物的质量和分布状况、挖土和弃土要求、施工环境及气候条件等，编制专项施工组织设计（方案），制定有针对性的安全技术措施，严禁盲目施工。

（2）基坑开挖后应及时修筑基础，不得长期暴露。基础施工完毕，应抓紧进行基坑的回填工作。回填基坑时，必须事先清除基坑中不符合回填要求的杂物。在相对的两侧或四周同时均匀进行，并且分层夯实。

（3）施工机械进入施工现场所经过的道路、桥梁和卸车设备等，应事先做好检查和必要的加宽、加固工作。开工前应做好施工场地内机械运行的道路，开辟适当的工作面，以利安全施工。

（4）在饱和黏性土、粉土的施工现场不得边打桩边开挖基坑，应待桩全部打完并间歇一段时间后再开挖，以免影响边坡或基坑的稳定性，并应防止开挖基坑可能引起的基坑内外的桩产生过大位移、倾斜或断裂。

（5）土方开挖前，应会同有关单位对附近已有建筑物或构筑物、道路、管线等进行检查和鉴定，对可能受开挖和降水影响的邻近建（构）筑物、管线，应制定相应的安全技术措施，并在整个施工期间，加强监测其沉降和位移、开裂等情况，发现问题应与设计或建设单位协商采取防护措施，并及时处理。

相邻基坑深浅不等时，一般应按先深后浅的顺序施工，否则应分析后施工的深坑对先施工的浅坑可能产生的危害，并应采取必要的保护措施。

（6）山区施工，应事先了解当地地形地貌、地质构造、地层岩性、水文地质等，如因土石方施工可能产生滑坡时，应采取可靠的安全技术措施。在陡峻山坡脚下施工，应事先检查山坡坡面情况，如有危岩、孤石、崩塌体、古滑坡体等不稳定迹象时，应妥善处理后，才能施工。

（7）基坑开挖工程应验算边坡或基坑的稳定性，并注意由于土体内应力场变化和淤泥土的塑性流动而导致周围土体向基坑开挖方向位移，使基坑邻近建筑物等产生相应的位移和下沉。验算时应考虑地面堆载、地表积水和邻近建筑物的影响等不利因素，决定是否需要支护，选择合理的支护形式。在基坑开挖期间应加强监测。

（8）施工前，应对施工区域内存在的各种障碍物，如建筑物、道路、沟渠、管线、防空洞、旧基础、坟墓、树木等，凡影响施工的均应拆除、清理或迁移，并在施工前妥善处理，确保施工安全。

（9）挖土方前对周围环境要认真检查，不能在危险岩石或建筑物下面进行作业。

（10）基坑开挖深度超过9m（或地下室超过二层），或深度虽未超过9m，但地质条件和周围环境复杂时，在施工过程中要加强监测，施工方案必须由单位总工程师审定，报企业上一级主管部门备查。

（11）上下坑沟应先挖好阶梯或设木梯，不应踩踏土壁及其支撑上下。

（12）土方工程、基坑工程在施工过程中，如发现有文物、古迹遗址或化石等，应立即保护现场和报请有关部门处理。

（13）深基坑四周设防护栏杆，人员上下要有专用爬梯。

（14）用挖土机施工时，挖土机的工作范围内，不得有人进行其他工作；多台机械开挖，挖土机间距应大于10m；挖土要自上而下，逐层进行，严禁先挖坡脚的危险作业。

（15）夜间施工时，应合理安排施工项目，防止挖方超挖或铺填超厚。施工现场应根据需要安设照明设施，在危险地段应设置红灯警示。

（16）基坑开挖应严格按要求放坡，操作时应随时注意边坡的稳定情况，如发现有裂纹或部分塌落现象，要及时进行支撑或改缓放坡，并注意支撑的稳固和边坡的变化。

（17）人工开挖时，两人操作间距应保持2~3m，并应自上而下挖掘，严禁采用掏洞的挖掘操作方法。

（18）机械挖土，多台阶同时开挖土方时，应验算边坡的稳定，根据规定和验算确定挖土机离边坡的安全距离。

（19）基坑深度超过14m、地下室为三层或三层以上，地质条件和周围特别复杂及工程影响重大时，有关设计和施工方案，施工单位要协同建设单位组织评审后，报市建设行政主管部门备案。

（20）挖土施工安全要求。

1）在斜坡上方弃土时，应保证挖方边坡的稳定。弃土堆应连续设置，其顶面应向外倾斜，以防山坡水流入挖方场地。但坡度陡于1：5或在软土地区，禁止在挖方上侧弃土。在挖方下侧弃土时，要将弃土堆表面整平，并向外倾斜，弃土表面要低于挖方场地的设计标高，或在弃土堆与挖方场地间设置排水沟，防止地面水流入挖方场地。

2）土方开挖宜从上到下分层分段进行，并随时做成一定的坡势以利泄水，且不应在影响边坡稳定的范围内积水。

3）使用时间较长的临时性挖方，土坡坡度要根据工程地质和土坡高度，结合当地同类土体的稳定坡度值确定。

4）在滑坡地段挖方时，应符合下列要求。

①开挖过程中如发现滑坡迹象（如裂缝、滑动等）时，应暂停施工，必要时，所有人员和机械要撤至安全地点，并采取措施及时处理。

②遵循先整治后开挖的施工顺序，在开挖时，须遵循由上到下的开挖顺序，严禁先切除坡脚。

③爆破施工时，严防因爆破震动产生滑坡。

④不宜雨季施工，同时不应破坏挖方上坡的自然植被，并事先做好地面和地下排水设施。

⑤施工前先了解工程地质勘察资料、地形、地貌及滑坡迹象等情况，并制定相应的施工方法和安全技术措施。

⑥抗滑挡土墙要尽量在旱季施工，基槽开挖应分段跳槽进行，并加设支撑；开挖一段就要将挡土墙做好一段。

（21）基坑（槽）和管沟施工安全要求。

1）基坑（槽）底部的开挖宽度，除基础底部宽度外，应根据施工需要增加工作面、排水设施和支撑结构的宽度。

2）基坑（槽）、管沟的开挖或回填应连续进行，尽快完成。施工中应防止地面水流入坑、沟内，以免边坡塌方或基土遭到破坏。

雨季施工或基坑（槽）、管沟挖好后不能及时进行下一工序时，可在基底标高以上留150～300mm厚的土层暂时不挖，待下一工序开始前再挖除。

采用机械开挖基坑（槽）或管沟时，可在基底标高以上预留一层用人工清理，其厚度应根据施工机械确定。

3）管沟底部开挖宽度（有支撑者为撑板间的净宽），除管道结构宽度外，应增加工作面宽度。每侧工作面宽度应符合表6-1的要求。

4）土质均匀且地下水位低于基坑（槽）或管沟底面标高时，其挖方边坡可做成直立壁不加支撑。挖方深度应根据土质确定，但不宜超过下列要求：

①密实、中实的砂土和碎石类土（充填物为砂土）——1m；

②硬塑、可塑的轻亚黏土和碎亚黏土——1.25m；

③硬塑、可塑的黏土和碎石类土（充填物为黏性土）——1.5m；

④坚硬的黏土——2m。

表6-1 管沟底部每侧工作面宽度

管道结构宽度/mm	每侧工作面宽度/mm	
	非金属管道	金属管道或砖沟
200~500	400	300
600~1000	500	400
1100~1500	600	600
1600~2500	800	800

注 1. 管道结构宽度指无管座按管身外皮计；有管座按管座外皮计，砖砌或混凝土管沟按管沟外皮计。

2. 沟底需增设排水沟时，工作面宽度可适当增加。

3. 有外防水的砖沟或混凝土沟时，每侧工作面宽度宜取800mm。

基坑（槽）或管沟挖好后，应及时进行地下结构和安装工程施工。在施工过程中，应经常检查坑壁的稳定情况。

注：挖方深度超过本要求时，应按第5）项的要求放坡或做成直立壁加支撑。

5）地质条件良好、土质均匀且地下水位低于基坑（槽）或管沟底面标高时，挖方深度在5m以内开挖后暴露时间不超过15d的，不加支护的边坡的最大坡度应符合表6-2的要求。

表6-2 不加支护基坑（槽）边坡的最大坡度

土的类别	坑壁坡度		
	坑缘无荷载	坑缘静荷载	坑缘有动荷载
中密的砂土	1：1.00	1：1.25	1：1.50
中密的砂石土（充填物为砂土）	1：0.75	1：1.00	1：1.25

土的类别	坑壁坡度		
	坑缘无荷载	坑缘静荷载	坑缘有动荷载
稍湿的粉土	1：0.67	1：0.75	1：1.00
中密的碎石土（充填物为黏土）	1：0.50	1：0.67	1：0.45
硬塑的粉质黏土、黏土	1：0.33	1：0.5	1：0.67
软土（经井点降水后）	1：1.00	—	—
泥岩、白垩土、黏土夹有石块	1：0.25	1：0.33	1：0.67
未风化页岩	1：0	1：0.1	1：0.25
岩石	1：0	1：0	1：0

6）坑壁垂直开挖，在土质湿度正常的条件下，对松软土质的基坑，其开挖深度宜小于 0.75m；中等密度的（锹挖）土质宜小于 1.23m。密实（镐挖）土质宜小于 2.0m。黏性土中的垂直坑壁的允许高度可用下式决定：

$$h_{max} = 2c/K \cdot \tan(45° - \varphi/2) - q/\gamma$$

式中　K——安全系数，可采用 1.25；

　　　γ——坑壁土的重力密度，kN/m^2；

　　　φ——坑壁土的内摩擦角（°），对饱和软土，取 $\varphi=0$；

　　　q——坑顶护道上的均布荷载，kN/m^2；

　　　c——坑壁土的黏聚力，对饱和软土，取不排水抗剪强度 C_n，kN/m^2；

　　h_{max}——垂直坑壁的允许高度，m。

7）深基坑或雨季施工的浅基坑的边坡开挖以后，必须随即采取护坡措施，以免边坡坍塌或滑移。护坡方法视土质条件、施工季节、工期长短等情况，可采用塑料布和聚丙烯编织物等不透水薄膜加以覆盖、砂袋护坡、碎石铺砌、喷抹水泥砂浆、铁丝网水泥浆抹面等，并应防止地表水或渗漏水冲刷边坡。

8）基坑深度大于 5m 且无地下水时，如现场条件许可且较为经济、合理时，可将坑壁坡度适当放缓，或可采取台阶式的放坡形式，并在坡顶和台阶处宜加设宽 1m 以上的平台。

9）采用钢筋混凝土地下连续墙做坑壁支撑时，混凝土达到设计强度后，方许进行挖土方。

10）开挖基坑（槽）或管沟时，应合理确定开挖顺序和分层开挖深度。当接近地下水位时，应先完成标高最低处的挖方，以便于在该处集中排水。

11）基坑（槽）、管沟的直立壁和边坡，在开挖过程和敞露期间应防止塌陷，必要时应加以保护。

在挖方边坡上侧堆土或材料以及移动施工机械时，应与挖方边缘保持一定距离，以保证边坡和直立壁的稳定。当土质良好时，堆土或材料应距挖方边缘0.8m以外，高度不宜超过1.5m。在柱基周围、墙基或围墙一侧，不得堆土过高。

12）基坑（槽）或管沟需设置坑壁支撑时，应根据开挖深度、土质条件、地下水位、施工方法、相邻建筑物和构筑物等情况进行选择和设计。支撑必须牢固可靠，确保安全施工。

13）基坑（槽）、管沟回填时，应符合下列要求。

①基础或管沟的现浇混凝土应达到一定强度，不致因填土而受损伤时，方可回填。

②回填土料、每层铺填厚度和压实要求，应按有关规定执行，如设计允许回填土自行沉实时，可不夯实。

③沟（槽）回填顺序，应按基底排水方向由高至低分层进行。

④填土前，应清除沟槽内的积水和有机杂物。

⑤基坑（槽）回填应在相对两侧和四周同时进行。

⑥回填管沟时，为防止管道中心线位移或损坏管道，应用人工先在管子周围夯实，并应从管道两边同时进行，直至管顶0.5m以上。在不损坏管道的情况下，方可采用机械回填和压实。

14）在软土地区开挖基坑（槽）或管沟时，除应按照本节有关要求外，尚应符合下列要求。

①相邻基坑（槽）和管沟开挖时，应遵循先深后浅或同时进行的施工顺序，并应及时做好基础。

②基坑（槽）开挖后，应尽量减少对基土的扰动。如基础不能及时施工时，可在基底标高以上留0.1~0.3m土层不挖，待做基础时挖除。

③施工机械行驶道路应填筑适当厚度的碎（砾）石，必要时应铺设工具式路基箱（板）或梢排等。

④在密集群桩上开挖基坑时，应在打桩完成后间隔一段时间，再对称挖土，邻近四周不得有振动作用。挖土宜分层进行，并应注意基坑土体的稳定，加强土体变形监测，防止由于挖土过快或边坡过陡使基坑中卸载过速、土体失稳等原因而引起桩身上浮、倾斜、位移、断裂等事故。

⑤施工前必须做好地面排水和降低地下水位工作，地下水位应降低至基底以下 0.5～1.0m 后，方可开挖。降水工作应持续到回填完毕，采用明排水时可不受此限。

⑥挖出的土不得堆放在边坡顶上或建筑物（构筑物）附近，应立即转运至规定的距离以外。

15）膨胀土地区开挖基坑（槽）或管沟时，除按照本节有关要求外，尚应符合下列要求。

①开挖前应做好排水工作，防止地表水、施工用水和生活废水浸入施工场地或冲刷边坡。

②基坑（槽）或管沟的开挖、地基与基础的施工和回填土等应连续进行，并应避免在雨天施工。

③采用砂地基时，应先将砂浇水至饱和后再铺填夯实，不得采用基坑（槽）或管沟内浇水使砂沉落的施工方法。

④开挖后，基土不得受烈日暴晒或雨水浸泡，必要时可预留一层不挖，待做基础时挖除。

⑤场地平整后至基坑（槽）、管沟开挖宜间隔一段时间，以减少基土的膨胀变形。

⑥回填土料应符合设计要求。如无设计要求时，宜选用非膨胀土、弱膨胀土或掺有适当比例的石灰及其他松散材料的膨胀土。

2. 基坑支护工程施工安全基本要求

（1）施工现场应划定作业区，安设护栏并设安全标志，非作业人员不得入内。

（2）先开挖后支护的沟槽、基坑，支护必须紧跟挖土工序，土壁裸露时间不宜超过 4h。先支护后开挖的沟槽、基坑，必须根据施工设计要求，确定开挖时间。

（3）施工场地应平整、坚实、无障碍物，能满足施工机具的作业要求。

（4）在现场建（构）筑物附近进行桩工作业前，必须掌握其结构和基础情况，确认安全；机械作业影响建（构）筑物结构安全时，必须先对建（构）筑物采取安全技术措施，经验收确认合格，形成文件后，方可进行机械作业。

（5）沟槽、基坑支护施工前，主管施工技术人员应熟悉支护结构施工设计图纸和地下管线等设施状况，掌握支护方法、设计要求和地下设施的位置、埋深等现况。

（6）上下沟槽、基坑应设安全梯或土坡道、斜道，其间距不宜大于50m，严禁攀登支护结构。

（7）土壁深度超过6m，不宜使用悬臂桩支护。

（8）编制施工组织设计中，应根据工程地质、水文地质、开挖深度、地面荷载、施工设备和沟槽、基坑周边环境等状况，对专护结构进行施工设计，其强度、刚度和稳定性应满足邻近建（构）筑物和施工安全的要求，并制定相应的安全技术措施。

（9）施工过程中，严禁利用支护结构支搭作业平台、挂装起重设施等。

（10）拆除支护结构应设专人指挥，作业中应与土方回填密切配合，并设专人负责安全监护。

（11）支护结构施工完成后，应进行检查、验收，确认质量符合施工设计要求，并形成文件后，方可进入沟槽、基坑作业。

（12）大雨、大雪、大雾、沙尘暴和风力6级以上（含6级）的恶劣天气，必须停止露天桩工、起重机械作业。

（13）施工过程中，对支护结构应经常检查，发现异常应及时处理，并确认合格。

3. 钢木支护施工安全技术

（1）现场支护材料应分类码放整齐，不得随意堆放。支护时，应随支设随供应，不得集中堆放在沟槽、基坑边上。运入槽、坑内的材料应卧放平稳。

（2）使用起重机从地面向沟槽、基坑内运送支护材料时，应符合下列要求。

1）吊运时，沟槽上下均应划定作业区域，非作业人员禁止入内。

2）起吊时，钢丝绳应保持垂直，不得斜吊。

3）运输车辆和起重机与沟槽、基坑边缘的距离应依荷载、土质、槽深和槽（坑）壁状况确定，且不得小于1.5m。

4）严禁起重机械超载吊运。

5）作业时，必须由信号工指挥。起吊前，指挥人员应检查吊点、吊索具和周围环境状况，确认安全。

6）作业时，机臂回转范围内严禁有人。

7）起重机、吊索具应完好，防护装置应齐全有效。作业前应检查、试运行，确认符合要求。

8）吊运材料距槽底50cm时，作业人员方可靠近，吊物落地确认稳固或临时支撑牢固后方可摘钩。

（3）支护材料应符合下列要求。

1）木质支护材料的材质应均匀、坚实，严禁使用劈裂、腐朽、扭曲和变形的木料。

2）支护材料的材质、规格、型号应满足施工设计要求。

3）严禁使用断裂、破损、扭曲、变形和腐蚀的钢材。

（4）预钻孔埋置桩施工应符合下列要求。

1）使用机械吊桩时，必须由信号工指挥。吊点应符合施工设计规定。作业时，应缓起、缓转、缓移，速度均匀并用控制绳保持桩平稳。向钻孔内吊桩时，严禁手、脚伸入桩与孔壁间隙。

2）埋置桩间隔设置时，相邻两桩间的土壁在土方开挖过程中，应及时安设挡土板，或挂网喷射护壁混凝土。

3）钻孔应连续完成。成孔后，应及时埋桩至施工设计高度。

4）挡土板安设应符合下列要求。

①挡土板两端的支撑长度应满足施工设计要求。

②挡土板后的空隙应填实。

③挡土板拼接应严密。

5）当桩、墙有支撑或土钉时，支撑、土钉施工应符合下列要求。

①有横梁的支撑结构，应在横梁连接处或其附近设支撑。横梁为焊接钢梁时，接头位置与近支撑点的距离应在支撑间距的1/3以内。

②支撑或土钉作业应与挖土密切配合。每层开挖的深度，不得超过底部撑杆或土钉以下30cm，或施工设计规定的位置。

③施工中，应按照施工设计规定的位置及时安设撑杆或土钉。

6）支撑、土钉必须牢固，严禁碰撞。

（5）人工锤击沉入木桩支护应符合下列要求。

1）作业中，应划定作业区，非作业人员禁止入内。

2）沉桩过程中，应随时检查木夯、铁夯、大锤等，确认操作工具完好，发现松动、破损，必须立即修理或更换。

3）锤击时夯头应对准桩头，严禁用手扶夯头或桩帽。

4）作业时，必须由作业组长负责指挥，统一信号，作业人员的动作应协调一致。

（6）使用人工方法从地面向沟槽、基坑内运送支护材料，应符合下列要求。

1）运送材料过程中，被运送物下方严禁有人，槽内作业人员必须位于安全地带。

2）使用溜槽溜放时，溜槽应坚固，且必须支搭牢固，使用前应检查，确认合格。

3）严禁向沟槽、基坑内投掷和倾卸支护材料。

4）手工传送时，应缓慢，上下作业人员应相互呼应，协调一致。

5）系放时，应根据系放材料的质量确定绳索直径。绳索应坚固，使用前应检查确认符合要求。

（7）拆除支护结构应符合下列要求。

1）拆除支护结构应和回填土紧密结合，自下而上分段、分层进行，拆除中严禁碰撞、损坏未拆除部分的支护结构。

2）拆除前，应根据槽壁土体、支护结构的稳定情况和沟槽、基坑附近建（构）筑物、管线等状况，制定拆除安全技术措施。

3）采用机械拆除沉、埋桩时应符合下列要求。

①拆除作业必须由信号工负责指挥。

②拔除桩后的孔应及时填实，恢复地面原貌。

③吊拔桩的拔出长度至半桩长时，应系控制缆绳保持桩的稳定。

④作业前，应划定作业区并设安全标志，非作业人员不得入内。

⑤吊拔困难或影响邻近建（构）筑物安全时，应暂停作业，待采取相应的安全技术措施，确认安全后方可实施。

⑥拆除前宜先用千斤顶将桩松动。吊拔时应垂直向上，不得斜拉、斜吊，严禁超过机械的起拔能力。

4）拆除立板撑，应在还土至撑杆底面 30cm 以内，方可拆除撑杆和相应的横梁；撑板应随还土的加高逐渐上拔，其埋深不得小于施工设计规定。

5）拆除相邻桩间的挡土板时，每次拆除高度应依据土质、槽深而定；拆除后应及时回填土，槽壁的外露时间不宜超过 4h。

6）拆除沉、埋桩的撑杆时，应待回填土还至撑杆以下 30cm 以内或施工设计规定位置，方可倒撑或拆除撑杆。

7）拆除与回填土施工过程中，应设专人检查，发现槽壁现坍塌征兆或支护结构发生劈裂、位移、变形等情况必须暂停施工，待及时采取安全技术措施，确认安全后方可继续施工。

8）拆除横板密撑应随还土的加高自下而上拆除，一次拆除撑板不宜大于 30cm 或一横板宽。一次拆撑不能保证安全时应倒撑，每步倒撑不得大于原支撑的间距。

9）拆除单板撑、稀撑、井字撑一次拆撑不能保证安全时，必须进行倒撑。

10）采用排水井的沟槽应由排水沟的分水线向两端延伸拆除。

11）拆除的支护材料应及时集中到指定场地，分类码放整齐。

（8）沟槽中采用板撑支护应符合下列要求。

1）施工过程中，应设专人检查，确认支护结构的支设符合施工设计的要求。

2）施工中应根据土质、施工季节、施工环境等情况选用单板撑或井字撑、稀撑、横板密撑、立板密撑支护，如图6-1～图6-5所示。

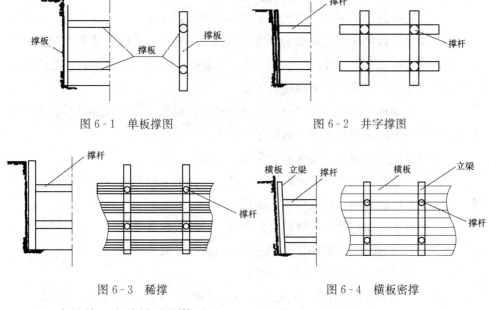

图6-1　单板撑图　　　　　　　　图6-2　井字撑图

图6-3　稀撑　　　　　　　　图6-4　横板密撑

3）支护前，应将槽壁整修平整，撑板安装应密贴槽壁，立梁或横梁应紧贴撑板，撑杆应水平，支靠应紧密，连接应牢固。

4）倒撑或缓撑，必须在新撑安装牢固后，方可松动旧撑。

5）支护应紧跟沟槽挖土。槽壁开挖后应及时支护，土壤外露时间不宜超过4h。

图6-5　立板密撑

6）沟槽土壤中应无水，有水时应采取排降水措施将水降至槽底50cm以下。

7）安设撑板并稳固后，应立即安设立梁或横梁、撑杆。

8）严禁用短木接长做撑杆。

9）槽壁出现裂缝或支护结构发生位移、变形等情况时，必须停止该部位的作业，对支护结构采取加固措施，经检查验收合格，形成文件后，方可继续施工。

4. 碎石压浆混凝土桩支护施工安全技术

（1）桩的成孔间距应依土质、孔深确定。

（2）施工前应根据地质条件，桩径、桩长选择适用的成孔机械。

（3）提出钻孔的钻杆必须放置稳定，并不得影响向钻孔内放钢筋笼、填注碎石和二次注浆作业与危及作业人员的安全。

（4）注浆应分二次进行：首次注浆应在钻孔达到设计高程，经空钻、清底后进行；在注浆过程中应借助浆液的浮力同步提升钻杆；桩孔内有地下水时，在注浆液面达到无塌孔危险位置以上 50cm 处，方可提出钻杆；向碎石的空隙内二次注浆与首次注浆的间隔时间不得超过 45min。

（5）桩孔成孔后，应连续作业，及时完成支护桩施工。特殊情况不能连续施工时，孔口应采取加盖或围挡等防护措施，并设安全标志。

（6）钻孔深度达到设计高程后应空钻、清底。

（7）向钻孔内置入钢筋笼前，应检查绑扎在钢筋笼内侧的高压注浆管的牢固性、接头的严密性和喷孔的通畅性，确认合格。

（8）吊装钢筋笼应使用起重机。作业时，必须设信号工指挥。起吊前信号工应检查吊索具及其与钢筋笼的连接和环境状况，确认安全。

5. 土钉墙支护施工安全技术

（1）土钉钢筋宜采 HRB335 或 HRB400 级钢筋，钢筋直径宜为 16～32mm，钻孔直径宜为 70～120mm。

（2）土钉墙的墙面坡度不宜大于 1：0.1。

（3）坡面上下段钢筋网搭接长度应大于 30cm。

（4）土钉墙支护适用于无地下水的沟槽。当沟槽范围内有地下水时，应在施工前采取排降水措施降低地下水。在砂土、虚填土、房碴土等松散土质中，严禁使用土钉墙支护。

（5）土钉的长度宜为开挖深度的 0.5～1.2 倍，间距宜为 1～2m，与水平面夹角宜为 5°～20°。

（6）喷射混凝土和注浆作业人员应按规定佩戴防护用品，禁止裸露身体作业。

（7）土钉墙施工设计中，应确认土钉抗拉承载力、土钉墙整体稳定性满足施工各个阶段施工安全的要求。

（8）注浆材料宜采用水泥浆或水泥砂浆，其强度等级不宜低于 M10。

（9）喷射混凝土面层宜配置钢筋网，钢筋直径宜为 6～10mm，网间距宜为15～30mm；喷射混凝土强度等级不宜低于 C20，面层厚度不宜小于 8cm。

（10）土钉墙支护，应先喷射混凝土面层后施工土钉。

（11）进入沟槽和支护前，应认真检查和处理作业区的危石、不稳定土层，确认沟槽土壁稳定。

（12）喷射管道安装应正确，连接处应紧固密封。管道通过道路时，应设置在地槽内并加盖保护。

（13）土钉必须和面层有效连接，应设置承压板或加强钢筋等构造措施，承压板、加强钢筋应分别与土钉螺栓、钢筋焊接连接。

（14）喷射支护施工应紧跟土方开挖面。每开挖一层土方后，应及时清理开挖面，安设骨架、挂网，喷射混凝土或砂浆，并符合下列要求。

1）骨架和挂网应安装稳固，挂网应与骨架连接牢固。

2）喷射混凝土或砂浆配比、强度应符合施工设计规定。喷射过程中，应设专人随时观察土壁变化状况，发现异常必须立即停止喷射，采取安全技术措施，确认安全后，方可继续进行。

（15）土钉墙支护应按施工设计规定的开挖顺序自上而下分层进行，随开挖随支护。

（16）施工中应随时观测土体状况，发现墙体裂缝、有坍塌征兆时，必须立即将施工人员撤出基坑、沟槽的危险区，并及时处理，确认安全。

（17）土钉宜在喷射混凝土终凝 3h 后进行施工，并符合下列要求。

1）钻孔过程应连续完成。作业时，严禁人员触摸钻杆。

2）搬运、安装土钉时，不得碰撞人、设备。

3）土钉类型、间距、长度和排列方式应符合施工设计的规定。

（18）钻孔完成后应及时注浆，并符合下列要求。

1）作业和试验人员应按规定佩戴安全防护用品，严禁裸露身体作业。

2）作业中注浆罐内应保持一定数量的浆液，防止放空后浆液喷出伤人。

3）作业中遗洒的浆液和刷洗机具、器皿的废液，应及时清理，妥善处置。

4）注浆机械操作工和浆液配制人员，必须经安全技术培训，考核合格方可上岗。

5）注浆初始压力不得大于0.1MPa。注浆应分级、逐步升压至控制压力。填充注浆压力宜控制在0.1~0.3MPa。

6）浆液原材料中有强酸、强碱等材料时，必须储存在专用库房内，设专人管理，建立领发料制度，且余料必须及时退回。

7）注浆的材料、配比和控制压力等，必须根据土质情况、施工工艺、设计要求，通过试验确定。浆液材料应符合环境保护要求。

8）使用灰浆泵应符合下列要求。

①作业后应将输送管道中的灰浆全部泵出，并将泵和输送管道清洗干净。

②作业前应检查并确认球阀完好，泵内无干硬灰浆等物，各连接件紧固牢靠，安全阀已调到预定安全压力。

③故障停机时，应先打开泄浆阀使压力下降，再排除故障。灰浆泵压力未达到零时，不得拆卸空气室、安全阀和管道。

(19) 施工中每一工序完成后，应隐蔽验收，确认合格并形成文件后，方可进入下一工序。

(20) 遇有不稳定的土体，应结合现场实际情况采取防塌措施，并应符合下列要求。

1）土钉支护宜与预应力锚杆联合使用。

2）施工中应加强现场观测，掌握土体变化情况，及时采取应急措施。

3）支护面层背后的土层中有滞水时，应设水平排水管，并将水引出支护层外。

4）在修坡后应立即喷射一层砂浆、素混凝土或挂网喷射混凝土，待达到规定强度后方可设置土钉。

(21) 土钉墙的土钉注浆和喷射混凝土层达到设计强度的70%后，方可开挖下层土方。

6. 地下连续墙支护施工安全技术

(1) 用泥浆护壁挖槽施工的地下连续墙，应先构筑导墙。导墙应能满足地下连续墙的施工导向、蓄积泥浆并维持其表面高度、支承挖槽机械设备和其他荷载、维护槽顶表土层的稳定和阻止地面水流入沟槽的要求。

(2) 地下连续墙支护的施工设计应遵守现行《建筑基坑支护技术规程》（JGJ 120—2012）的有关规定。

(3) 导墙的构造应符合下列要求。

1）导墙支撑应每隔1~1.5m距离设置。

2）导墙宜采用钢筋混凝土材料构筑，混凝土强度等级不宜低于 C20。

3）导墙的平面轴线应与地下连续墙轴线平行，两导墙的内侧间距宜比地下连续墙体厚度大 4~6cm。

4）导墙底端埋入土内深度宜大于 1m，基底土层应夯实，遇特殊情况应妥善处理。导墙顶面应高出地面，遇地下水位较高时，导墙顶端应高出地下水位。墙后应填土，并与墙顶平齐，全部导墙顶面应保持水平。内墙面应保持垂直。

（4）地下连续墙支护必须具备施工区域内完整的工程地质、水文地质和建（构）筑物结构状况的资料。

（5）导墙施工应符合下列要求。

1）安装预制块导墙时，块件连接处应严密，防止渗漏。

2）导墙混凝土强度达到设计规定后，方可开挖该导墙槽段下的土方。

3）混凝土导墙浇筑和养护时，重型机械、车辆不得在其附近作业。

4）导墙分段施工时，段落划分应与地下连续墙划分的节段错开。

5）导墙土方开挖后，直至导墙混凝土浇筑前，必须在导墙槽边设围挡或护栏和安全标志。

（6）槽壁式地下连续墙的沟槽开挖应符合下列要求。

1）开挖到槽底设计高程后，应对成槽质量进行检查，确认符合技术规定并记录。

2）现场应设泥浆沉淀池，周围应设防护栏杆；废弃泥浆和钻渣，应妥善处理，不得污染环境。

3）开挖前应按已划分的单元节段，决定各段开挖先后次序。挖槽开始后应连续进行，直至节段完成。

4）挖掘的槽壁和接头处应竖直，竖直度允许偏差应符合技术规定；接头处相邻两槽段中心线在任一深度的偏差值不得大于墙厚的 1/3。

5）成槽机械开挖一定深度后，应立即输入调好的泥浆，并保持槽内浆面不低于导墙顶面 30cm。泥浆浓度应满足槽壁稳定的要求，重复使用的泥浆如性能发生变化，应进行再生处理。

6）挖槽时应加强观测，遇槽壁发生坍塌、沟槽偏斜等故障时，应立即停止作业，查明原因，采取相应的安全技术措施，待确认安全后，方可继续作业。遇严重大面积坍塌，应先提出挖掘机械，待采取安全技术措施，确认安全后方可挖掘。

（7）地下连续墙沟槽开挖应选择专业机械，并应符合下列要求。

1）作业前，应检查挖槽机械状况，经试运行，确认合格。

2）施工前应划定作业区，非施工人员不得入内。

3）施工场地应平整、坚实。

4）挖槽机械应安装稳固。

（8）槽段清底应在吊放接头装置前进行，并应符合下列要求。

1）清底工作应包括清除槽底沉淀的泥渣和置换槽中的泥浆。

2）清理槽底和置换泥浆工作结束 1h 后，应检查槽底以上 20cm 处的泥浆密度，确认符合施工设计的规定；并检查槽底沉淀物厚度，确认符合施工设计的要求。

3）清底前应检查节段平面、横截面和竖面位置。遇槽壁竖向倾斜、弯曲和宽度不足等超过允许偏差时，应进行修槽，并确认符合要求。节段接头处应用刷子或高压射水清扫。

（9）挖槽前应完成准备工作，保证挖槽和浇筑混凝土施工正常连续进行。

7. 沉井施工安全技术

（1）沉井的制作高度不宜使重心离地太高，以不超过沉井短边或直径的长度为宜。一般不应超过 12m。特殊情况需要加高时，必须有可靠的计算数据，并采取必要的技术措施。

（2）沉井顶部周围应设防护栏杆。井内的水泵、水力机械管道等设施，必须架设牢固，以防坠落伤人。

（3）采用套井与触变泥浆法施工时，套井四周应设置防护设施。

（4）抽承垫木时，应有专人统一指挥，分区域，按规定顺序进行。并在抽承垫木及下沉时，严禁人员从刃脚、底梁和隔墙下通过。

（5）潜水员的增、减压规定及有关职业病的防治，应按照有关规定进行。

（6）空压机的储气罐应设有安全阀，输气管道编号，供气控制应有专人负责，在有潜水员工作时，应有滤清器，进气口应设置在能取得洁净空气处。

（7）沉井下沉采用加载助沉时，加载平台应经过计算，加载或卸载范围内，应停止其他作业。

（8）沉井下沉前应把井壁上拉杆螺栓和圆钉割掉。特别在不排水下沉时，应全部清除井内障碍和插筋，以防割破潜水员的潜水服。

（9）当沉井面积较大，采用不排水下沉时，在井内隔墙上应设有潜水员通行的预留孔。井内应搭设专供潜水员使用的浮动操作平台。

（10）沉井的内外脚手，如不能随同沉井下沉时，应和沉井的模板、钢筋分开。井字架、扶梯等设施均不得固定在井壁上，以防沉井突然下沉时被拉倒发生事故。

（11）浮运沉井的防水围壁露出水面的高度，在任何情况下均不得小于 1m。

（12）沉井在淤泥质黏土或亚黏土中下沉时，井内的工作平台应用活动平台，严禁固定在井壁、隔墙和底梁上。沉井发生突然下沉，平台应能随井内涌土上升。

（13）采用抓斗抓土时，井孔内的人员和设备应事前撤出，如不撤出，应采取有效的安全措施进行妥善保护。

（14）沉井下沉时，在四周的影响区域内，不应有高压电线杆、地下管道、固定式机具设备和永久性建筑物，否则应采取安全措施。

（15）采用人工挖土机械运输时，土斗装满后，待井下工人躲开，并发出信号，方可起吊。

（16）沉井如由不排水转换为排水下沉时，抽水后应经过观测，确认沉井已经稳定，方允许下井作业。

（17）采用水力机械时，井内作业面与水泵站应建立通信联系。水力机械的水枪和吸泥机应进行试运转，各连接处应严密不漏水。

（18）采用井内抽水强制下沉时，井上人员应离开沉井，不能离开时，应采取安全措施。

（19）沉井水下混凝土封底时，工作平台应搭设牢固，导管周围应有栏杆。平台周围应有栏杆。平台的荷载除考虑人员、机具重量外，还应考虑漏斗和导管堵塞后，装满混凝土时的悬吊重量。

二、建筑降水、排水工程专项安全施工技术

1. 基本要求

（1）排降水结束后，集水井、管井和井点孔应及时填实，恢复地面原貌或达到设计要求。

（2）现场施工排水，宜排入已建排水管道内。排水口宜设在远离建（构）筑物的低洼地点并应保证排水畅通。

（3）施工期间施工排降水应连续进行，不得间断。构筑物、管道及其附属构筑物未具备抗浮条件时，不得停止排降水。

（4）施工排水不得在沟槽、基坑外漫流回渗，危及边坡稳定。

（5）排降水机械设备的电气接线、拆卸、维护必须由电工操作，严禁非电工操作。

（6）施工现场应备有充足的排降水设备，并宜设备用电源。

（7）施工降水期间，应设专人对临近建（构）筑物、道路的沉降与变位进行监测，遇异常征兆，必须立即分析原因，采取防护、控制措施。

（8）对临近建（构）筑物的排降水方案必须进行安全论证，确认能保证建（构）筑物、道路和地下设施的正常使用和安全稳定，方可进行排降水施工。

（9）采用轻型井点、管井井点降水时，应进行降水检验，确认降水效果符合要求。降水后，通过观测井水位，确认水位符合施工设计规定，方可开挖沟槽或基坑。

2. 排水井排水

（1）采用明沟排水，排水井宜布置在管道和构筑物基础的范围以外，并不得扰动地基。当构筑物基坑面积较大或基坑底部呈倒锥形时，可在基坑范围内设置，但应使排水井井筒与基础紧密连接，并在终止排水时，便于采取封堵的安全措施。

（2）采用明沟排水，不得扰动地基，并应保证沟槽、基坑边坡的稳定。

（3）修建排水井应符合下列要求：

1）排水井应设安全梯。

2）排水井井底高程，应保证水泵吸水口距动水位以下不小于50cm。

3）排水井处于细砂、粉砂等砂土层时，井底应采取过滤或封闭措施。

4）排水井应根据土质、井深情况对井壁采取支护措施。

5）排水井进水口处土质不稳定时，应采取支护措施。

6）安装预制井筒时，井内严禁有人。

（4）排水井应在沟槽、基坑土方开挖至地下水位以下前建成。

（5）排水沟开挖过程中，遇土质不良，应采取护坡技术措施，保持排水沟和沟槽、基坑的边坡稳定。

（6）排水井内掏挖土方应符合下列要求：

1）井内环境恶劣时，人工掏挖应轮换作业，每次下井时间不宜大于1h；掏挖作业时，井上应设专人监护。

2）上、下排水井应走安全梯。

3）掏挖过程中，应随时观察土壁和支护的变形、稳定情况，发现土壁有坍塌征兆和支护位移、井筒裂缝和歪斜现象，必须立即停止作业，并撤至地面安全地带，待采取措施，确认安全后方可继续作业。

4）在孔口 1m 范围内不得堆土（泥）。

（7）排水沟应随沟槽基坑的开挖及时超前开挖，其深度不宜小于 30cm，并保持排水通畅。

3．地表水排除

（1）潜水泵运转中 30m 水域内，人、畜不得入内。

（2）离心泵运转中严禁人员从机上越过。

（3）进入水深超过 1.2m 水域作业时，必须选派熟悉水性的人员，并应采取防止发生溺水事故的措施。

（4）施工现场水域周围应设护栏和安全标志。

（5）离心式水泵吸水口应设网罩，且距动水位不得小于 50cm；潜水泵泵体距动水位不得小于 50cm。严禁潜水泵陷入污泥中运行。

4．管井井点降水

（1）成孔后，应及时安装井管。由于条件限制，不能及时安装时，必须安设围挡、防护栏杆等安全防护设施和安全标志。

（2）电缆不得与井壁或其他尖利物摩擦遭受损伤。

（3）管井井口必须高出地面，不得小于 50cm。井口必须封闭，并设安全标志。当环境限制不允许井口高出地面时，井口应设在防护井内；防护井井盖应与地面同高；防护井必须盖牢。

（4）向井管内吊装水泵时，应对准井管，不得将手脚伸入管口，严禁用电缆做吊绳。

（5）井管安装时，吊点位置应正确，吊绳必须拴系牢固，并用控制绳保持井管平衡。向孔内下井管时，严禁手脚伸入管与孔之间。

（6）使用深井泵应符合下列要求。

1）泵在试运转过程中，有明显声响、不出水、出水不连续和电流超过额定值等情况，应停泵查明原因，排除故障后方可投入使用。

2）停泵前应先关闭出水阀，再切断电源，锁闭闸箱。

3）深井泵抽水的含砂量应低于 0.01%。

4）泵在运转过程中，应经常观察井中水位变化，水泵的 1～2 级叶轮应浸入动水位 1m 以下。

5．轻型井点降水

（1）高压水冲孔成型应符合下列要求。

1）冲孔水压应从 0.2MPa 开始，逐步调试至控制压力值。冲孔过程中，不得超过控制压力，且不宜大于 1.0MPa。

2）冲孔时应设专人指挥，并划定作业区。非操作人员不得入内。

3）施工场地应平整、坚实，道路通畅，作业空间应满足冲孔机械设备操作的要求。

4）作业中，严禁高压水枪对向人、设备、建（构）筑物。

5）现场应设泥水沉淀池，冲孔排出的泥水，不得任意漫流。

6）严禁在架空线路下方及其附近进行冲孔作业；在电力架空线路一侧冲孔时，应符合施工用电安全要求。

7）吊管时，吊点位置应正确，吊索拴系必须牢固，保持吊装稳定；吊管下方禁止有人。

（2）拔除井点管时应先试拔，确认松动后，方可将井管抽出，不得强拔、斜拔。

（3）降水过程中，应按技术要求观测其真空度和井水位，发现异常应及时采取技术措施，保持正常降水。

（4）井点管、干管、机、泵接头安装应严密。真空度应满足降水要求；滤管的顶部高程应在设计动水位以下且不得小于 50cm。

（5）多层井点拆除，必须自底层开始逐层向上进行。当拆除下层井点时，上层井点不得中断抽水。

6. 砂井降水

（1）当钻孔采用套管成孔，吊拔套管时，应垂直向上，边吊拔边填砂滤料，不得一次填满后吊拔。吊拔困难时，应先松动后方可继续吊拔，不得强拔。

（2）砂井中滤料回填后，道路范围内的砂井上端，应恢复原道路结构；道路以外的砂井上端应夯填厚度不小于 50cm 的非渗透性材料，并与地面同高。

三、建筑施工脚手架专项安全施工技术

1. 脚手架安全基本要求

（1）大雾及雨、雪天气和 6 级以上大风时，不得进行脚手架上的高处作业。雨、雪天后作业，必须采取安全防滑措施。

（2）搭设作业，应按以下要求做好自我保护和保护好作业现场人员的安全。

1）架上作业人员应做好分工和配合，传递杆件应掌握好重心，平稳传递。

不要用力过猛，以免引起人身或杆件失衡。对每完成的一道工序，要相互询问并确认后才能进行下一道工序。

2）作业人员应佩戴工具袋，工具用后装于袋中，不能放在架子上，以免掉落伤人。

3）在架上作业人员应穿防滑鞋和佩挂好安全带。保证作业的安全，脚下应铺设必要数量的脚手板，并应铺设平稳，且不得有探头板。当暂时无法铺设落脚板时，用于落脚或抓握、把（夹）持的杆件均应为稳定的构架部分，着力点与构架节点的水平距离应不大于 0.8m，垂直距离应不大于 1.5m。位于立杆接头之上的自由立杆（尚未与水平杆连接者）不得用作把持杆。

4）每次收工以前，所有上架材料应全部搭设上，不要存留在架子上，而且一定要形成稳定的构架，不能形成稳定构架的部分应采取临时撑拉措施予以加固。

5）架设材料要随上随用，以免放置不当时掉落。

6）在搭设作业进行中，地面上的配合人员应避开可能落物的区域。

（3）操作人员应持证上岗。操作时必须佩戴安全帽，系好安全带，穿防滑鞋。

（4）架上作业时的安全注意事项。

1）作业时应注意随时清理落在架面上的材料，保持架面上规整清洁，不要乱放材料、工具，以免影响作业的安全和发生掉物伤人。

2）作业前应注意检查作业环境是否可靠，安全防护设施是否齐全有效，确认无误后方可作业。

3）当架面高度不够、需要垫高时，一定要采用稳定可靠的垫高办法，且垫高不要超过 50cm；超过 50cm 时，应按搭设规定升高铺板层。在升高作业面时，应相应加高防护设施。

4）在进行撬、拉、推等操作时，要注意采取正确的姿势，站稳脚跟，或一手把持在稳固的结构或支持物上，以免用力过猛身体失去平衡或把东西甩出。在脚手架上拆除模板时，应采取必要的支托措施，以防拆下的模板材料掉落架外。

5）严禁在架面上打闹戏要、退着行走和跨坐在外防护横杆上休息。不要在架面上抢行、跑跳，相互避让时应注意身体不要失衡。

6）在架面上运送材料经过正在作业中的人员时，要及时发出"请注意""请让一让"的信号。材料要轻搁稳放，不许采用倾倒、猛磕或其他匆忙卸料方式。

（5）在脚手架上进行电气焊作业时，要铺铁皮以接火星或移去易燃物，以防火星点着易燃物，并应有防火措施。一旦着火时，及时予以扑灭。

（6）脚手架搭设作业时，应按形成基本构架单元的要求逐排、逐跨和逐步地进行搭设，矩形周边脚手架宜从其中的一个角部开始向两个方向延伸搭设。确保已搭部分稳定。门式脚手架以及其他纵向竖立面刚度较差的脚手架，在连墙点设置层宜加设纵向水平长横杆与连接件连接。

（7）其他安全注意事项。

1）除搭设过程中必要的1～2步架的上下外，作业人员不得攀缘脚手架上下，应走房屋楼梯或另设安全人梯。

2）运送杆配件应尽量利用垂直运输设施或悬挂滑轮提升，并绑扎牢固。尽量避免或减少用人工层层传递。

3）作业人员要服从统一指挥，不得自行其是。

4）在搭设脚手架时，不得使用不合格的架设材料。

（8）钢管脚手架的高度超过周围建筑物或在雷暴较多的地区施工时，应安设防雷装置。其接地电阻应不大于4Ω。

（9）架上作业应按规范或设计规定的荷载使用，严禁超载。并应遵守如下要求。

1）架面荷载应力求均匀分布，避免荷载集中于一侧。

2）垂直运输设施（如物料提升架等）与脚手架之间的转运平台的铺板层数和荷载控制应按施工组织设计的规定执行，不得任意增加铺板层的数量和在转运平台上超载堆放材料。

3）脚手架的铺脚手板层和同时作业层的数量不得超过规定。

4）过梁等墙体构件要随运随装，不得存放在脚手架上。

5）作业面上的荷载，包括脚手板、人员、工具和材料，当施工组织设计无规定时，应按规范的规定值控制，即结构脚手架不超过$3kN/m^2$；装修脚手架不超过$2kN/m^2$；维护脚手架不超过$1kN/m^2$。

6）较重的施工设备（如电焊机等）不得放置在脚手架上。严禁将模板支撑、缆风绳、泵送混凝土及砂浆的输送管等固定在脚手架上及任意悬挂起重设备。

（10）架上作业时，不要随意拆除安全防护设施，未有设置或设置不符合要求时，必须补设或改善后，才能上架进行作业。

（11）架上作业时，不要随意拆除基本结构杆件和连墙件，因作业的需要必须拆除某些杆件和连墙点时，必须取得施工主管和技术人员的同意，并采取可靠的加固措施后方可拆除。

（12）脚手架拆除作业前，应制定详细的拆除施工方案和安全技术措施。并对参加作业的全体人员进行技术安全交底，在统一指挥下，按照确定的方案进行拆除作业，注意事项如下。

1）拆卸脚手板、杆件、门架及其他较长、较重、有两端联结的部件时，必须要两人或多人一组进行。禁止单人进行拆卸作业，防止把持杆件不稳、失衡而发生事故。拆除水平杆件时，松开联结后，水平托持取下。拆除立杆时，在把稳上端后，再松开下端联结取下。

2）多人或多组进行拆卸作业时，应加强指挥，并相互询问和协调作业步骤，严禁不按程序进行的任意拆卸。

3）拆卸现场应有可靠的安全围护，并设专人看管，严禁非作业人员进入拆卸作业区内。

4）因拆除上部或一侧的附墙拉结而使架子不稳时，应加设临时撑拉措施，以防因架子晃动影响作业安全。

5）一定要按照先上后下、先外后里、先架面材料后构架材料、先辅件后结构件和先结构件后附墙件的顺序，一件一件地松开联结，取出并随即吊下（或集中到毗邻的未拆的架面上，扎捆后吊下）。

6）严禁将拆卸下的杆部件和材料向地面抛掷。已吊至地面的架设材料应随时运出拆卸区域，保持现场文明。

（13）脚手架立杆的基础（地）应平整夯实，具有足够的承载力和稳定性。设于坑边或台上时，立杆距坑、台的上边缘不得小于 1m，且边坡的坡度不得大于土的自然安息角，否则，应做边坡的保护和加固处理。脚手架立杆之下必须设置垫座和垫板。

（14）搭设和拆除作业中的安全防护。

1）设置材料提上或吊下的设施，禁止投掷。

2）在无可靠的安全带扣挂物时，应拉设安全网。

3）对尚未形成或已失去稳定结构的脚手架部位加设临时支撑或拉结。

4）作业现场应设安全围护和警示标志，禁止无关人员进入危险区域。

（15）作业面的安全防护。

1）脚手架的作业面的脚手板必须满铺，不得留有空隙和探头板。脚手板与墙面之间的距离一般不应大于 20cm。脚手板应与脚手架可靠拴结。

2）作业面的外侧立面的防护设施视具体情况可采用：

①其他可靠的围护办法；

②二道防护栏杆绑挂高度不小于1m的竹笆；

③挡脚板加二道防护栏杆；

④二道防护横杆满挂安全立网。

（16）临街防护视具体情况可采用以下两种方法。

1）视临街情况设安全通道。通道的顶盖应满铺脚手板或其他能可靠承接落物的板篷材料。篷顶临街一侧应设高于篷顶不小于1m的墙，以免落物又反弹到街上。

2）采用安全立网、竹笆板或帆布将脚手架的临街面完全封闭。

（17）人行和运输通道的防护。

1）上下脚手架有高度差的入口应设坡度或踏步，并设栏杆防护。

2）贴近或穿过脚手架的人行、运输通道必须设置板篷。

（18）脚手架搭设或拆除人员必须由符合原劳动部颁发的《特种作业人员安全技术培训考核管理规定》经考核合格，领取《特种作业人员操作证》的专业架子工进行。

（19）吊挂架子的防护。当吊、挂脚手架在移动至作业位置后，应采取撑、拉措施将其固定或减少其晃动。

2. 扣件式钢管脚手架搭设与拆除安全技术

（1）扣件式钢管脚手架的搭设和安全技术要求。

1）脚手架搭设顺序如下：放置纵向扫地杆→立柱→横向扫地杆→第一步纵向水平杆→第一步横向水平杆→连墙件（或加抛撑）→第二步纵向水平杆→第二步横向水平杆。

2）搭设立柱的注意事项。

①立柱上的对接扣件应交错布置，两个相邻立柱接头不应设在同步同跨内，两相邻立柱接头在高度方向错开的距离不应小于500mm；各接头中心距主节点的距离不应大于步距的1/3。

②当搭至有连墙件的构造层时，搭设完该处的立柱、纵向水平杆、横向水平杆后，应立即设置连墙件。

③开始搭设立柱时，应每隔6跨设置一根抛撑，直至连墙件安装稳定后，方可根据情况拆除。

④外径48mm与51mm的钢管严禁混合使用。

⑤立柱搭接长度不应小于1m，立柱顶端应高出建筑物檐口上皮高度1.5m。

3）搭设纵、横向水平杆的注意事项。

①搭设纵向水平杆的注意事项：对接接头应交错布置，不应设在同步、同跨内，相邻接头水平距离不应小于 500mm，并应避免设在纵向水平杆的跨中；搭接接头长度不应小于 1m，并应等距设置 3 个旋转扣件固定，端部扣件盖板边缘至杆端的距离不应小于 100mm；纵向水平杆的长度一般不宜小于 3 跨，并不小于 6m。

②封闭型脚手架的同一步纵向水平杆必须四周交圈，用直角扣件与内、外角柱固定。

③双排脚手架的横向水平杆靠墙一端至墙装饰面的距离不应大于 100mm。单排脚手架横向水平杆伸入墙内的长度不小于 180mm。

④单排脚手架的横向水平杆不应设置在下列部位：设计上不允许留脚手眼的部位；砖过梁上与过梁成 60°的三角形范围内；宽度小于 1m 的窗间墙；梁或梁垫下及两侧各 500mm 的范围内。

⑤砖砌体的门窗洞口两侧 3/4 砖和转角处 $1\frac{3}{4}$ 砖的范围内；其他砌体的门窗洞口两侧 300mm 和转角处 600mm 的范围内。

⑥独立或附墙的砖柱。

4）搭设连墙件、剪刀撑、横向支撑等注意事项。

①剪刀撑、横向支撑应随立柱、纵横向水平杆等同步搭设。每道剪刀撑跨越立柱的根数宜为 5～7 根。每道剪刀撑宽度不应小于 4 跨，且不小于 6m，斜杆与地面的倾角宜在 45°～60°；24m 以下的单双排脚手架，均必须在外侧立面的两端各设置一道剪刀撑，由底至顶连续设置；中间每道剪刀撑的净距不应大于 15m。

②连墙件应均匀布置，形式宜优先采用花排，也可以并排，连墙件宜靠近主节点设置，偏离主节点的距离不应大于 300mm。

连墙件必须从底步第一根纵向水平杆处开始设置，当脚手架操作层高出连墙件二步时，应采取临时稳定措施，直到连墙件搭设完后方可拆除。

③一字形、开口形双排脚手架的两端均必须设置横向支撑，中间宜每隔 6 跨设置一道。横向支撑的斜杆应由底至顶层呈"之"字形连续布置；24m 以下的闭型双排脚手架可不设横向支撑，24m 以上者除两端应设置横向支撑外，中间应每隔 6 跨设置一道。

5）扣件安装的注意事项。

①扣件螺栓拧紧扭力矩不应小于 40N·m，并不大于 65N·m。

②扣件规格（$\phi48$ 或 $\phi51$）必须与钢管外径相同。

③主节点处，固定横向水平杆（或纵向水平杆）、剪刀撑、横向支撑等扣件的中心线距主节点的距离不应大于150mm。

④对接扣件的开口应朝上或朝内。

⑤各杆件端头伸出扣件盖板边缘的长度不应小于100mm。

6）铺设脚手板的注意事项。

①脚手板的探头应采用直径3.2mm（10号）的镀锌铁丝固定在支承杆上。

②应铺满、铺稳，靠墙一侧离墙面距离不应大于150mm。

③在拐角、斜道平台口处的脚手板，应与横向水平杆可靠连接，以防止滑动。

7）搭设栏杆、挡脚板的注意事项。

①上栏杆上皮高度1.2m，中栏杆居中设置。

②栏杆和挡脚板应搭设在外立柱的内侧。

③挡脚板高度不应小于150mm。

（2）扣件式钢管脚手架拆除的安全技术

1）所有连墙件应随脚手架逐层拆除，严禁先将连墙件整层或数层拆除后再拆脚手架；分段拆除高差不应大于2步，如高差大于2步，应增设连墙件加固。

2）拆除顺序应逐层由上而下进行，严禁上下同时作业。

3）当脚手架采取分段、分立面拆除时，对不拆除的脚手架两端，应先设置连墙件和横向支撑加固。

4）当脚手架拆至下部最后一根长钢管的高度（约6.5m）时，应先在适当位置搭临时抛撑加固，后拆连墙件。

5）运至地面的构配件应按规定的要求及时检查整修与保养，并按品种、规格随时码堆存放，置于干燥通风处，防止锈蚀。

6）各构配件必须及时分段集中运至地面，严禁抛扔。

7）拆除脚手架时，地面应设围栏和警戒标志，并派专人看守，严禁非操作人员入内。

3. 门式钢管脚手架搭设与拆除安全技术

（1）门式脚手架搭设程序。

1）脚手架搭设的顺序。铺设垫木（板）→安入底座→自一端起立门架并随即装交叉支撑→安装水平架（或脚手板）→安装钢梯→安装水平加固杆→安装连墙杆→照上述步骤，逐层向上安装→按规定位置安装剪刀撑→装配顶步栏杆。

2）脚手架的搭设，应自一端延伸向另一端，自下而上按步架设，并逐层改变搭设方向，减少误差积累。不可自两端相向搭设或相间进行，以避免结合处错位，难于连接。

3）脚手架的搭设必须配合施工进度，一次搭设高度不应超过最上层连墙件三步或自由高度小于6m，以保证脚手架稳定。

（2）架设门架及配件安装注意事项。

1）不同产品的门架与配件不得混合使用于同一脚手架。

2）水平架或脚手板应在同一步内连续设置，脚手板应满铺。

3）各部件的锁、搭钩必须处于锁住状态。

4）交叉支撑、水平架、脚手板、连接棒、锁臂的设置应符合构造规定。

5）交叉支撑、水平架及脚手板应紧随门架的安装及时设置。

6）钢梯的位置应符合组装布置图的要求，底层钢梯底部应加设$\phi42$钢管并用扣件扣紧在门架立杆上，钢梯跨的两侧均应设置扶手。每段钢梯可跨越两步或三步门架再行转折。

7）挡脚板（笆）应在脚手架施工层两侧设置，栏板（杆）应在脚手架施工层外侧高置，栏杆、挡脚板应在门架立杆的内侧设置。

（3）检查验收要求。

1）脚手架搭设完毕或分段搭设完毕时应对脚手架工程质量进行检查，经检查合格后方可交付使用。

2）高度在20m及20m以下的脚手架，由单位工程负责人组织技术安全人员进行检查验收；高度大于20m的脚手架，由工程处技术负责人随工程进度分阶段组织单位工程负责人及有关的技术安全人员进行检查验收。

①脚手架工程的验收，除查验有关文件外，还应进行现场抽查。抽查应着重以下各项，并记入施工验收报告。安全措施的杆件是否齐全，扣件是否紧固、合格；安全网的张挂及扶手的设置是否齐全；基础是否平整坚实；连墙杆的设置有否遗漏，是否齐全并符合要求；垂直度及水平度是否合格。

②验收时应具备下列文件：必要的施工设计文件及组装图；脚手架部件的出厂合格证或质量分级合格标志；脚手架工程的施工记录及质量检查记录；脚手架搭设的重大问题及处理记录；脚手架工程的施工验收报告。

③脚手架搭设尺寸允许偏差。脚手架的垂直度：脚手架沿墙面纵向的垂直偏差应不大于$H/400$（H为脚手架高度）及50mm；脚手架的横向垂直偏差不大于$H/600$及50mm；每步架的纵向与横向垂直度偏差应不大于$h_0/600$（h_0为门架高度）。

④脚手架的水平度。底部脚手架沿墙的纵向水平偏差应不大于 $L/600$（L 为脚手架的长度）。

（4）门式钢管脚手架拆除的安全技术要求。工程施工完毕，应经单位工程负责人检查验证确认不再需要脚手架时，方可拆除。拆除脚手架应制订方案，经工程负责人核准后，方可进行。拆除脚手架应符合下列要求。

1）拆除脚手架前，应清除脚手架上的材料、工具和杂物。

2）脚手架的拆除，应按后装先拆的原则，按下列程序进行。

①自顶层跨边开始拆卸交叉支撑，同步拆下顶层连墙杆与顶层门架。

②拆除扫地杆、底层门架及封口杆。

③继续向下同步拆除第二步门架与配件。脚手架的自由悬臂高度不得超过三步，否则应加设临时拉结。

④连续同步往下拆卸。对于连墙件、长水平杆、剪刀撑等，必须在脚手架拆卸到相关跨门架后，方可拆除。

⑤从跨边起先拆顶部扶手与栏杆柱，然后拆脚手板（或水平架）与扶梯段，再卸下水平加固杆和剪刀撑。

⑥拆除基座，运走垫板和垫块。

3）脚手架拆除时，拆下的门架及配件，均须加以检验。清除杆件及螺纹上的污物，进行必要的整形，变形严重者，应送回工厂修整。应按规定分级检查、维修或报废。拆下的门架及其他配件经检查、修整后应按品种、规格分类整理存放，妥善保管，防止锈蚀。

4）拆除脚手架时，地面应设围栏和警戒标志，并派专人看守，严禁一切非操作人员入内。

5）拆卸连接部件时，应先将锁座上的锁板与搭钩上的锁片转至开启位置，然后开始拆卸，不准硬拉，严禁敲击。

6）拆除工作中，严禁使用榔头等硬物击打、撬挖。拆下的连接棒应放入袋内，锁臂应先传递至地面并放入室内堆存。

7）工人必须站在临时设置的脚手板上进行拆除作业。

8）拆下的门架、钢管与配件，应成捆用机械吊运或井架传送至地面，防止碰撞，严禁抛掷。

4. 碗扣式钢管脚手架搭设与拆除安全技术

（1）立杆基础施工应满足要求，清除组架范围内的杂物，平整场地，做好排水处理。

（2）脚手架搭设前，要先编制脚手架施工组织设计。明确使用荷载，确定脚手架平面、立面布置，列出构件用量表，制订构件供应和周转计划等。

（3）所有构件，必须经检验合格后方能投入使用。

（4）接头搭设。

1）如发现上碗扣扣不紧，或限位销不能进入上碗扣螺旋面，应检查立杆与横杆是否垂直，相邻的两个碗扣是否在同一水平面上（即横杆水平度是否符合要求）；下碗扣与立杆的同轴度是否符合要求；下碗扣的水平面同立杆轴线的垂直度是否符合要求；横杆接头与横杆是否变形；横杆接头的弧面中心线同横杆轴线是否垂直；下碗扣内有无砂浆等杂物充填等；如是装配原因，则因调整后锁紧；如是杆件本身原因，则应拆除，并送去整修。

2）接头是立杆同横杆、斜杆的连接装置，应确保接头锁紧。搭设时，先将上碗扣搁置在限位销上，将横杆、斜杆等接头插入下碗扣，使接头弧面与立杆密贴，待全部接头插入后，将上碗扣套下，并用榔头顺时针沿切线敲击上碗扣凸头，直至上碗扣被限位销卡紧不再转动为止。

（5）杆件搭设顺序。

1）脚手架搭设宜以 3～4 人为一小组，其中 1～2 人递料，另外两人共同配合搭设，每人负责一端。搭设时，要求至多二层向同一方向，或中间向两边推进，不得从两边向中间合拢搭设，否则中间杆件会因两侧架子刚度太大而难以安装。

2）在已处理好的地基或基垫上按设计位置安放立杆垫座或可调座，其上交错安装 3.0m 和 1.8m 长立杆，调整立杆可调座，使同一层立杆接头处于同一水平面内，以便装横杆。搭设顺序是：立杆底座→立杆→横杆→斜杆→接头锁紧→脚手板→上层立杆→立杆连接销→横杆。

（6）搭设注意事项。

1）在搭设过程中，应注意调整整架的垂直度，一般通过调整连墙撑的长度 L 来实现，要求整架垂直度小于 $1/500L$，但最大允许偏差为 100mm。

2）所有构件都应按设计及脚手架有关规定设置。

3）在搭设、拆除或改变作业程序时，禁止人员进入危险区域。

4）脚手架应随建筑物升高而随时设置，一般不应超出建筑物二步架。

5）连墙撑应随着脚手架的搭设而随时在设计位置设置，并尽量与脚手架和建筑物外表面垂直。

6）单排横杆插入墙体后，应将夹板用榔头击紧，不得浮放。

（7）碗扣式钢管脚手架拆除的安全技术要求。

1）拆除顺序自上而下逐层拆除，不容许上、下两层同时拆除。

2）当脚手架使用完成后，制订拆除方案。拆除前应对脚手架做一次全面检查，清除所有多余物件，并设立拆除区，禁止无关人员进入。

3）拆除的构件应用吊具吊下，或人工递下，严禁抛掷。

4）连墙撑只能在拆到该层时才允许拆除，严禁在拆架前先拆连墙撑。

5）拆除的构件应及时分类堆放，以便运输、保管。

5. 脚手架安全使用与管理

（1）作业层上的施工荷载应符合设计要求，不得超载，不得在脚手架上集中堆放模板、钢筋等物料。

（2）混凝土输送管、布料杆、缆风绳等不得固定在脚手架上。

（3）遇 6 级以上大风、雨雪、大雾天气时，应停止脚手架的搭设与拆除作业。

（4）脚手架使用期间，严禁擅自拆除架体结构杆件；如需拆除必须经修改施工方案并报请原方案审批人批准，确定补救措施后方可实施。

（5）严禁在脚手架基础及邻近处进行挖掘作业。

（6）脚手架应与输电线路保持安全距离，施工现场临时用电线路架设及脚手架接地防雷措施等应按国家现行标准《施工现场临时用电安全技术规范》（JGJ 46—2005）的有关规定执行。

（7）搭设脚手架人员必须持证上岗。上岗人员应定期体检，合格者方可持证上岗。

（8）搭设脚手架人员必须戴安全帽、系安全带、穿防滑鞋。

四、模板工程施工专项安全施工技术

1. 模板安装与拆除施工安全基本要求

（1）模板安装施工安全要求。

1）楼层高度超过 4m 或二层及以上的建筑物，安装和拆除钢模板时，周围应设安全网或搭设脚手架和加设防护栏杆。在临街及交通要道地区，并应设警示牌，并设专人维持安全，防止伤及行人。

2）模板安装必须按模板的施工设计进行，严禁任意变动。

3）现浇整体式的多层房屋和构筑物安装上层楼板及其支架时，应符合下列要求。

①下层楼板结构的强度要达到能承受上层模板、支撑系统和新浇筑混凝土的重量时，方可进行。否则下层楼板结构的支撑系统不能拆除，同时上下层支柱应在同一垂直线上。

②下层楼板混凝土强度达到 1.2MPa 以后，才能上料具。料具要分散堆放，不得过分集中。

③如采用悬吊模板、桁架支模方法，其支撑结构必须要有足够的强度和刚度。

4）模板及其支撑系统在安装过程中，必须设置临时固定设施，严防倾覆。

5）采用分节脱模时，底模的支点应按设计要求设置。

6）模板的支柱纵横向水平、剪刀撑等均应按设计的规定布置，当设计无规定时，一般支柱的网距不宜大于 2m，纵横向水平的上下步距不宜大于 1.5m，纵横向的垂直剪刀撑间距不宜大于 6m。当支柱高度小于 4m 时，应设上下两道水平撑和垂直剪刀撑。以后支柱每增高 2m 再增加一道水平撑，水平撑之间还需增加剪刀撑一道。当楼层高度超过 10m 时，模板的支柱应选用长料，同一支柱的连接头不宜超过 2 个。

7）当层间高度大于 5m 时，若采用多层支架支模，则在两层支架立柱间应铺设垫板，且应平整，上下层支柱要垂直，并应在同一垂直线上。

8）承重焊接钢筋骨架和模板一起安装时，应符合下列要求。

①安装钢筋模板组合体时，吊索应按模板设计的吊点位置绑扎。

②模板必须固定在承重焊接钢筋骨架的节点上。

9）预拼装组合钢模板采用整体吊装方法时，应注意以下要点。

①使用吊装机械安装大块整体模板时，必须在模板就位并连接牢靠后，方可脱钩。并严格按照吊装机械使用操作安全技术的相关要求进行操作。

②拼装完毕的大块模板或整体模板，吊装前应按设计规定的吊点位置，先进行试吊，确认无误后，方可正式吊运安装。

③安装整块柱模板时，不得将柱子钢筋代替临时支撑。

10）在架空输电线路下面安装和拆除组合钢模板时，吊机起重臂、吊物、钢丝绳、外脚手架和操作人员等与架空线路的最小安全距离应符合要求。

11）支撑应按工序进行，模板没有固定前，不得进行下道工序。

12）用钢管和扣件搭设双排立柱支架支承梁模时，扣件应拧紧，且应检查扣件螺栓的扭力矩是否符合规定，当扭力矩不能达到规定值时，可放两个扣件与原扣件挨紧。横杆步距按设计规定，严禁随意增大。

13）支设 4m 以上的立柱模板和梁模板时，应搭设工作台，不足 4m 的，可使用马凳操作，不准站在柱模板上和在梁底板上行走，更不允许利用拉杆、支撑攀登上下。

14）平板模板安装就位时，要在支架搭设稳固，板下楞与支架连接牢固后进行。U 形卡要按设计规定安装，以增强整体性，确保模板结构安全。

15）墙模板在未装对拉螺栓前，板面要向内倾斜一定角度并撑牢，以防倒塌。安装过程要随时拆换支撑或增加支撑，以保持墙板处于稳定状态。模板未支撑稳固前不得松动吊钩。

16）单片柱模板吊装时，应采用卸扣（卡环）和柱模连接，严禁用钢筋钩代替，以避免柱模翻转时脱钩造成事故，待模板立稳后并拉好支撑，方可摘除吊钩。

17）安装墙模板时，应从内、外角开始，向互相垂直的两个方向拼装，连接模板的 U 形卡。当模板采用分层支模时，第一层模板拼装后，应立即将内、外钢楞、穿墙螺栓、斜撑等全部安设紧固稳定。当下层模板不能独立安设支承件时，必须采取可靠的临时固定措施，否则禁止进行上一层模板的安装。

（2）模板拆除施工安全要求。

1）已拆除的模板、拉杆、支撑等应及时运走或妥善堆放，严防操作人员因扶空、踏空坠落。

2）工作前，应检查所使用的工具是否牢固，扳手等工具必须用绳链系挂在身上，工作时思想要集中，防止钉子扎脚和从空中滑落。

3）拆除模板一般采用长撬杠，严禁操作人员站在正拆除的模板下。在拆除楼板模板时，要注意防止整块模板掉下，尤其是用定型模板做平台模板时，更要注意，防止模板突然全部掉下伤人。

4）拆模板，应经施工技术人员按试块强度检查，确认混凝土已达到拆模强度时，方可拆除。

5）拆模间歇时，应将已活动的模板、拉杆、支撑等固定牢固，严防突然掉落、倒塌伤人。

6）高处、复杂结构模板的拆除，应有专人指挥和切实可靠的安全措施，并在下面标出作业区，严禁非操作人员进入作业区。操作人员应配挂好安全带，禁止站在模板的横拉杆上操作，拆下的模板应集中吊运，并多点捆牢，不准向下乱扔。

7）拆除时应严格遵守各类模板拆除作业的安全要求。

8）在混凝土墙体、平板上有预留洞时，应在模板拆除后，随即在墙洞上做好安全护栏，或将板的洞盖严。

2. 木模板（含木夹板）安装、拆除施工安全技术

（1）木模板（含木夹板）安装安全要求。

1）安装二层或以上的外围柱、梁模板，应先搭设脚手架或挂好安全网。

2）安装模板应按工序进行，当模板没有固定前，不得进行下一道工序作业。禁止利用拉杆、支撑攀登上路。

3）基础及地下工程模板安装时，应先检查基坑土壁边坡的稳定情况，发现有塌方危险时，必须采取安全加固措施后，方能作业。

4）在现场安装模板时，所用工具应装入工具袋内，防止高处作业时，工具掉下伤人。

5）向坑内运送模板应用吊机、溜槽或绳索，运送时要有专人指挥，上下呼应。

6）二人抬运模板时，要互相配合，协同工作。传送模板、工具应用运输工具或绳子绑扎牢固后升降，不得乱扔。

7）采用桁架支撑应严格检查，发现桁架严重变形、螺栓松动等应及时修复。

8）操作人员上下基坑要设扶梯。基槽（坑）上口边缘 1m 以内不允许堆放模板构件和材料。

9）安装楼面模板遇有预留洞口的地方，应做临时封闭，以防误踏和坠物伤人。

10）模板支撑支在土壁上时，应在支点上加垫板，以防支撑不牢或造成土壁坍塌。

11）支模时，支撑、拉杆不准连接在门窗、脚手架或其他不稳固的物件上。在混凝土浇灌过程中，要有专人检查，发现变形、松动等现象，要及时加固和修理，防止塌模伤人。

12）安装柱、梁模板应设临时工作台，不得站在柱模上操作和在梁底模板上行走。

13）装楼面模板，在下班时对已铺好而来不及钉牢的定型模板或散板、钢模板等，应拿起堆放稳妥，以防事故发生。

14）模板支撑不得使用腐朽、扭裂、劈裂的材料。顶撑要垂直、底部平整坚实，并加垫木。木楔要钉牢，并用横顺拉杆和剪撑拉结牢固。

15）在通道地段，安装模板的斜撑及横撑木必须伸出通道时，应先考虑通道通过行人或车辆时所需要的高度。

（2）木模板（含木夹板）拆除安全要求。

1）拆除薄腹梁、吊车梁、桁架等预制构件模板时，应随拆随加支撑支牢，顶撑要有压脚桩，防止构件倒塌事故。

2）拆除模板前，应将下方一切预留洞口及建筑物周围用木板或安全网做防护围蔽，防止模板枋料坠落伤人。

3）拆除模板必须经施工负责人同意，方可拆除。操作人员必须戴好安全帽。操作时应按顺序分段进行，超过4m以上高度，不允许让模板枋料自由落下。严禁猛撬、硬砸或大面积撬落和拉倒。

4）完工后，不得留下松动和悬挂的模板枋料等。拆下的模板枋料应及时运送到指定地点集中堆放稳妥。

3. 定型组合钢模板安装与拆除施工安全技术

（1）一般安全要求。

1）安装和拆除组合钢模板，当作业高度在2m及以上时，应遵守高处作业有关规定。

2）多人共同操作或扛抬组合钢模板时，要密切配合，协调一致，互相呼应；高处作业时要精神集中，不得逗闹和酒后作业。

3）组合钢模板夜间施工时，要有足够的照明，行灯电压一般不超过36V，在满堂红钢模板支架或特别潮湿的环境时，行灯电压不得超过12V；照明行灯及机电设备的移动线路，要采用橡套电缆。

4）模板的预留孔洞、电梯井口等处，应加盖或设防护栏杆。

5）施工用临时照明及机电设备的电源线应绝缘良好，不得直接架设在组合钢模板上，应用绝缘支持物使电线与组合钢模板隔开，并严格防止线路绝缘破损漏电。

6）高处作业支、拆模板时，不得乱堆乱放，脚手架或工作平台上临时堆放的钢模板不宜超过3层，堆放的钢模板、部件、机具连同操作人员的总荷载，不得超过脚手架或工作平台设计控制荷载，当设计无规定时，一般不超过2700N/m²。

7）高处作业人员应通过斜道或施工电梯上下通行，严禁攀登组合钢模板或绳索等上下。

8）支模过程中如遇中途停歇，应将已就位的钢模板或支承件连接牢固，不得架空浮搁；拆模间歇时，应将已松扣的钢模板、支承件拆下运走，防止坠落伤人或人员扶空坠落。

9）组合钢模板安装和拆除必须编制安全技术方案，并严格执行。

10）安装和拆除钢模板，高度在 3m 及以下时，可使用马凳操作，高度在 3m 及以上时，应搭设脚手架或工作平台，并设置防护栏杆或安全网。

11）操作人员的操作工具要随手放入工具袋，不便放入工具袋的要拴绳系在身上或放在稳妥的地方。

（2）组合钢模板拆除安全要求。

1）拆除现场散拼的梁、柱、墙等模板，一般应逐块拆卸，不得成片松扣撬落或拉倒；拆除平台、楼层结构的底模，应设临时支撑，防止大片模板坠落；拆下的钢模板，严禁向下抛掷，应用溜槽或绳索系下，上下传递时，要互相接应，防止伤人。

2）拆除基础及地下工程模板时，应先检查基槽（坑）土壁的安全状况，发现有松软、龟裂等不安全因素时，必须在采取防范措施后，方可下基槽（坑）作业。

3）预拼大块钢模板、台模等整体拆除时，应先挂好吊绳或倒链，然后拆卸连接件；拆模时，要用手锤敲击板体，使之与混凝土脱离，再吊运到指定地点堆放整齐。

4）模板拆除的顺序和方法，应遵照施工组织设计（方案）规定。一般应先拆除侧模，后拆底模；先拆非承重部分，后拆承重部分。

5）拆除高处模板，作业区范围内应设有警示信号标志和警示牌，作业区及进出口，应设专人负责安全巡视，严禁非操作人员进入作业区。

（3）组合钢模板安装安全要求。

1）安装预拼装整体柱模板时，应边就位，边校正，边安设支撑固定。整体柱模就位安装时，要有套入柱子钢筋骨架的安全措施，以防人身安全事故的发生。

2）墙模板现场散拼支模时，钢模板排列、内外楞位置、间距及各种配件的设置均应按钢模板设计进行；当采取分层分段支模时，应自下而上进行，并在下一层钢模板的内外钢楞、各种支承件等全部安装紧固稳定后，方可进行上一层钢模板的安装，当下层钢模板不能独立地安设支承件时，必须采取临时固定措施，否则不得进行上一层钢模板的安装。

3）需要拼装的模板，在拼装前应设置好操作平台，操作平台必须稳固、平整。

4）墙模板的内外支撑必须坚固可靠，确保组合钢模板的整体稳定；高大的墙模板宜搭设排架式支承。

5）安装基础及地下工程组合钢模板时，基槽（坑）上口的1m边缘内不得堆放钢模板及支承件；向基槽（坑）内运料应用吊机、溜槽或绳索系下；高大长脖基础分层、分段支模板时，应边组装钢模板边安设支承杆件，下层钢模板就位校正并支撑牢固后，方可进行上一层钢模板的安装。

6）柱模板现场散拼支模应逐块逐段安装足够的U形卡、紧固螺栓、柱箍或紧固钢楞并同时安设支撑固定。

7）安装预拼装大片钢模板应同时安设支承或用临时支撑支稳，不得将大片模板系在柱钢筋上代替支撑，四侧模板全部就位后要随即进行校正，并坚固角模，上齐柱箍或紧固钢楞，安设支撑固定。

8）安装组合钢模板，一般应按自下而上的顺序进行。模板就位后，要及时安装好U形卡和L形插销，连杆安装好后，应将螺栓紧固。同时，架设支撑以保证模板整体稳定。

9）柱模的支承必须牢固可靠，确保整体稳定，高度在4m及以上的柱模，应四面支承。当柱模超过6m时，不宜单根柱子支模及灌注混凝土施工，宜采用群体或成列同时支模并将其支承毗连成一体，形成整体构架体系。

10）预拼装大块墙模板安装，应边就位，边校正和插置连接件，边安设支承件或临时支撑固定，防止大块钢模板倾覆。当采用吊机安装大块钢模板时，大块钢模板必须固定可靠后方可脱钩。

11）安装独立梁模板，一般应设操作平台，高度超过6m时，应搭设排架并设防护栏杆，操作人员不得在独立梁底板或支架上操作及上下通行。

12）安装圈梁、阳台、雨篷及挑檐等模板，这些模板的支撑应自成系统，不得交搭在施工脚手架上；多层悬挑结构模板的支柱，必须上下保持一条垂直中心线上。

4. 大模板安装与拆除施工安全技术

（1）大模板安装安全要求。

1）模板安装就位后，要采取防止触电的保护措施，应设专人将大模板串联起来，并与避雷网接通，防止漏电伤人。

2）吊装大模板时，如有防止脱钩装置，可吊运同一房间的两块板，但禁止隔着墙同时吊运另一面的一块模板。

3）大模板起吊前，应将吊机的位置调整适当，并检查吊装用绳索、卡具及每块模板上的吊环是否牢固可靠，然后将吊钩挂好，拆除一切临时支撑，稳起稳吊不得斜牵起吊，禁止用人力搬动模板。吊运安装过程中，严防模板大幅度摆或碰倒其他模板。

4）组装平模时，应及时用卡或花篮螺丝将相邻模板连接好，防止倾倒；安装外墙外模板时，必须将悬挑扁担固定，位置调好后，方可摘钩。外墙外模板安装好后要立即穿好销杆，紧固螺栓。

5）大模板安装时，应先内后外，单面模板就位后，应用支架固定并支撑牢固。双面模板就位后用拉杆和螺栓固定，未就位和固定前不得摘钩。

6）大模板必须设有操作平台、上下梯道、防护栏杆等附属设施。如有损坏，应及时修好。大模板安装就位后为便于浇捣混凝土，两道墙模板平台间应搭设临时走道或其他安全措施，严禁操作人员在外墙板上行走。

7）有平台的大模板起吊时，平台上禁止存放任何物料。里外角模和临时摘挂的板面与大模板必须连接牢固，防止脱开和断裂坠落。

8）大模板组装或拆除时，指挥、拆除和挂钩人员，必须站在安全可靠的地方方可操作，严禁任何人员随大模板起吊，安装外模板的操作人员应配挂安全带。

9）清扫模板和刷隔离剂时，必须将模板支撑牢固，两板中间保持不应少于60cm 的走道。

（2）大模板拆除安全要求。

1）起吊时应先稍微移动一下，证明确属无误后，方可正式起吊。

2）拆除模板应先拆穿墙螺栓和铁件等，并使模板面与墙面脱离，方可慢速起吊。起吊前认真检查固定件是否全部拆除。

3）大模板的外模板拆除前，要用吊机事先吊好，然后才准拆除悬挂扁担及固定件。

（3）大模板堆放的安全要求。

1）大模板放置时，下面不得压有电线和气焊管线。

2）平模叠放运输时，垫木必须上下对齐，绑扎牢固，车上严禁坐人。

3）平模存放时，必须满足地区条件所要求的自稳角。大模板存放在施工楼层上，应有可靠的防倾倒措施。在地面存放模板时，两块大模板应采用板面对板面的存放方法，长期存放应将模板联成整体。对没有支撑或自稳角不足的大模板，应存放在专用的堆放架上，或者平卧堆放，严禁靠放到其他模板或构件上，以防下脚滑移倾翻伤人。

5. 滑动模板安装与拆除施工安全技术

（1）滑动模板安装安全要求。

1）液压控制台在安装前，必须预先做加压试车工作，经严格检查后，方准运到工程上去安装。

2）操作平台上，不得多人聚集一处，下班时应清扫和整理好料具；夜间施工应准备手电筒，以预防晚间停电。

3）滑动模板的平台必须保持水平，千斤顶的升差应随时检查调整。

4）滑升过程中，要随时调整平台水平、中心的垂直度，以防平台扭转和水平位移。

5）人货两用施工电梯，应安装柔性安全卡、限位开关等安全装置，上、下应有通信联络设备，且应设有安全刹车装置。

6）平台内、外脚手架使用前，应全部设置好安全网，安全网要紧靠筒壁。

7）为防高处坠物伤人，烟囱底部的 2.5m 高度处搭设防护棚，防护棚应坚固可靠，上面应铺 6～8mm 厚的钢板一层。

8）滑升机具和操作平台应严格按照施工设计安装。平台四周要有防护栏杆和安全网，平台板铺设不得留空隙。施工区域下面应设安全围栏，经常出入的通道要搭设防护棚。

9）组装前，应对各部件的材质、规定和数量进行详细检查，以便剔除不合格部件。

10）应定期对一切起重设备的限位器、刹车装置进行测定，以防失灵发生意外。

11）滑动模板提升前，若为柔性索道运输时，必须先放下吊笼，再放松导索，检查支承杆有无脱空现象，结构钢筋与操作平台有无挂连，确认无误后，方可提升。

12）模板安装完后，应进行全面检查，确实证明安全可靠后，方可进行下一工序的工作。

13）滑动模板操作平台上的施工人员应定期体检，经医生诊断凡患有高血压、心脏病、贫血、癫痫病及其他不适应高处作业疾病的，不得上操作平台工作。

（2）滑动模板拆除安全要求。

1）滑动模板装置拆除必须组织拆除专业队，指定熟悉该项专业技术的专人负责统一指挥。参加拆除的作业人员，必须经过技术培训，考核合格后方能上岗。不能中途随意更换作业人员。拆除前应向全体操作人员进行详细的操作安全交底工作。

2）拆除作业必须在白天进行，宜采用分段整体拆除，在地面解体。模板拆除应均衡对称，拆除的部件及操作平台上的一切物品，均不得从高处抛下。

3）滑动模板装置拆除前应检查各支承点埋设件牢固情况，以及作业人员上下走道是否安全可靠。当拆除工作利用施工的结构作为支承点时，对结构混凝土强度的要求应不低于 $15N/mm^2$，且应经结构验算确定。

4）拆除滑动模板装置使用的垂直运输设备和机具，必须检查合格后方准使用。

5）滑动模板拆除必须编制详细的施工方案，明确拆除的内容、方法、程序、使用的机械设备、安全措施及指挥人员的职责等，并报上级主管部门审批后方可实施。

6）对烟囱类构筑物宜在顶端设置安全行走平台。

6. 爬模安装与拆除施工安全技术

（1）爬模安装安全要求。

1）经常检查撑头是否有变形，如有变形应立即处理，以防爬模架护墙螺栓超荷发生事故。

2）爬杆螺栓是否全部达到要求。

3）模板提升好后，应立即校正与内模板固定，待有可靠的保证方可使油泵回油松掉千斤顶或倒链。

4）爬模操作人员必须遵守工地的一般安全规定，并佩戴所规定的劳动防护用品。

5）在液压千斤顶或倒链提升过程中，应保持模板平稳上升，模板顶面的高低差不得超过 100mm。并在提升过程中，应经常检查模板与脚手架之间是否有钩挂现象，油泵是否工作正常。

6）提升爬架时，应先把模板中的油泵爬杆换到爬架油泵中（拆除撑头防止落下伤人），拧紧爬杆螺栓，这时方允许拆除护墙螺栓。然后开始提升，提升过程中应注意爬架的高低差不超过 50mm 和有无障碍物。

7）提升前应检查模板是否全部脱离墙面，内外模板的拉杆螺栓是否全部抽掉。

8）爬架的提升必须在混凝土达到所规定的强度后方可提升，提升时应有专人指挥，且必须满足下列要求。

①保险钢丝绳必须拴牢，并设专人检查无误。

②每个爬架必须挂两个倒链（或一个千斤顶）提升。

③大模板的穿墙螺栓全部均未松动。

④拆除爬架附墙螺栓前，倒链全部调整到工作状态，然后才能拆除附墙螺栓。

上述条件均已全部具备方可提升。

9）提升大模板时，其对应模板只能单块提升，严禁两块大模板同时提升，且应注意下列事项。

①保险钢丝绳必须拴牢，并有专人检查。

②大模板必须在悬空的情况下，穿墙螺栓全部拆除。

③用多个倒链提升时，应先将各倒链调整到工作状态，方可拆除穿墙螺栓。

10）提升到位后，安装附墙螺栓，并按规定垫好垫圈拧紧螺帽，用测力扳手测定达到要求后，方可松掉倒链（或千斤顶）。严禁用塔吊提升爬架。

11）大模板提升必须设专人指挥，各个倒链或千斤顶必须同步进行。

（2）爬模拆除安全要求。

1）进行拆模架的工作时，附近和下面应设安全警戒线，并派专人把守，以防物件坠落伤人。

2）检查索具，用卸甲（严禁用钩）扣住模板吊环，用塔吊轻轻吊紧，并在两端用绳拉紧，防止转动，然后抽去千斤顶爬杆，做到吊运时稳运、稳落，防止大模板大幅度晃动、碰撞造成倒塌事故。

3）有窗口的爬架拆除时，操作人员不得进入爬架内，只许在室内拆除螺栓。无窗口的爬架操作人员则可进入爬架内拆除螺栓，爬架上口和附墙处均须拉缆风绳，严禁人员随爬架吊运。

4）松开爬架顶上挑扁担的垫铁螺栓，以便观察塔吊是否真正将模板吊空。

5）起吊时，应采用吊环和安全吊钩，卸甲不得斜牵起吊，严禁操作人员随模板起落。

6）拆除爬架、爬模要由专人进行，设专人指挥，严格按照所规定的拆除程序进行。

7）堆放模架的场地，应在事前平整夯实，并比周围垫高150mm，防止积水，堆放前应铺通长垫木。

五、起重吊装工程专项安全施工技术

1. 起重（挂钩、信号）施工安全一般要求

（1）起重工应健康，两眼视力均不得低于 1.0，无色盲、听力障碍、高血压、心脏病、癫痫、眩晕、突发性昏厥及其他影响起重吊装作业的疾病与生理缺陷。

（2）作业前必须检查作业环境、吊索具、防护用品。吊装区域无闲散人员，障碍已排除。吊索具无缺陷，捆绑正确牢固，被吊物与其他物件无连接。确认安全后方可作业。

（3）大雨、大雪、大雾及风力 6 级以上（含 6 级）等恶劣天气，必须停止露天起重吊装作业。严禁在带电的高压线下作业。

（4）轮式或履带式起重机作业时必须确定吊装区域，并设警戒标志，必要时派人监护。

（5）必须经过安全技术培训，持证上岗。严禁酒后作业。

（6）在高压线一侧作业时，必须保持最小安全距离要求。

（7）在下列情况下严禁进行吊装作业：

1）信号不清；

2）吊装物下方有人；

3）吊装物上站人；

4）斜拉斜牵物；

5）散物捆扎不牢；

6）零碎物无容器；

7）吊装物质量不明；

8）吊索具不符合规定；

9）作业现场光线阴暗；

10）立式构件、大模板不用卡环；

11）被吊物质量超过机械性能允许范围。

（8）使用两台吊车抬吊大型构件时，吊车性能应一致，单机荷载应合理分配，且不得超过额定荷载的 80%。作业时必须统一指挥，动作一致。

（9）使用起重机作业时，必须正确选择吊点位置，合理穿挂索具，经试吊无误后方可起吊。除指挥及挂钩人员外，严禁其他人员进入吊装作业区。

（10）作业时必须按照安全技术要求进行操作，听从统一指挥。

（11）需自制吊运物料容器（土斗、混凝土斗、砂浆斗等）时，必须按下列要求进行。

1）荷载（包括自重）不得超过5000kg。

2）验收时必须将设计图纸和计算书交项目经理部主管部门存档，并由主管部门纳入管理范畴，定期检查、维护，遇有损坏及时修理，保持完好。

3）制作完成后，须经项目经理部总工程师组织验收，并试吊，确认合格。

4）必须由专业技术人员设计，报项目经理部总工程师批准。

5）焊制时，须选派技术水平高的焊工施焊，由质量管理人员跟踪检查，确保制作质量。

6）使用前必须由作业人员进行检查，确认焊缝不开裂，吊环不歪斜、开裂，容器完好。

2. 三脚架吊装安全技术

（1）作业前必须按技术交底要求选用机具、吊具、绳索及配套材料。

（2）吊装作业时必须设专人指挥。试吊时应检查各部件，确认安全后方可正式操作。

（3）三脚架顶端绑扎绳以上伸出长度不得小于60cm，捆绑点以下三杆长度应相等并用钢丝绳连接牢固，底部三脚距离相等，且为架高的1/3～2/3。相邻两杆用排木连接，排木间距不得大于1.5m。

（4）作业前应将作业场地整平、压实。三脚架底部应支垫牢固。

（5）移动三脚架时必须设专人指挥，由三人以上操作。

3. 构件及设备的吊装安全技术

（1）作业前应检查被吊物、场地、作业空间等，确认安全后方可作业。

（2）吊装大型构件使用千斤顶调整就位时，严禁两端千斤顶同时起落；一端使用两个千斤顶时，起落速度应一致。

（3）作业时应缓起、缓转、缓移，并用控制绳保持吊物平稳。

（4）码放构件的场地应坚实平整。码放后应支撑牢固、稳定。

（5）超长型构件运输中，悬出部分不得大于总长的1/4，并应采取防倾覆措施。

（6）移动构件、设备时，构件、设备必须连接牢固，保持稳定。道路应坚实平整，作业人员必须听从统一指挥，协调一致。使用卷扬机移动构件或设备时，必须用慢速卷扬机。

（7）暂停作业时，必须把构件、设备支撑稳定，连接牢固后方可离开现场。

4.起重吊装基本作业安全技术

（1）穿绳：确定吊物重心，选好挂绳位置；穿绳应用铁钩，不得将手臂伸到吊物下面；吊运棱角坚硬或易滑的吊物，必须加衬垫、有套索。

（2）挂绳：应按顺序挂绳，吊绳不得相互挤压、交叉、扭压、绞拧；一般吊物可用兜挂法，必须保持吊物平衡；对于易滚、易滑或超长货物，宜采用索绳方法，使用卡环锁紧吊绳。

（3）试吊：吊绳套挂牢固，起重机缓慢起升，将吊绳绷紧稍停，起升不得过高；试吊中，信号工、挂钩工、司机必须协调配合；如发现吊物重心偏移或与其他物件粘连等情况时，必须立即停止起吊，采取措施并确认安全后方可起吊。

（4）摘绳：落绳、停稳、支稳后方可放松吊绳；对易滚、易滑、易散的吊物，摘绳要用安全钩；挂钩工不得站在吊物上面；如遇不易人工摘绳时，应选用其他机具辅助，严禁攀登吊物及绳索。

（5）抽绳：吊钩应与吊物重心保持垂直，缓慢起绳，不得斜拉、强拉，不得旋转吊臂抽绳；如遇吊绳被压，应立即停止抽绳，可采取提头试吊方法抽绳。吊运易损、易滚、易倒的吊物不得使用起重机抽绳。

（6）长期不用的起重、吊挂机具，必须进行检测、试吊，确认安全后方可使用。

（7）吊挂作业应符合下列要求。

1）锁绳吊挂应便于摘绳操作。

2）卡具吊挂时应避免卡具在吊装中被碰撞。

3）扁担吊挂时，吊点应对称于吊物重心。

4）兜绳吊挂应保持吊点位置准确、兜绳不偏移、吊物平衡。

（8）捆绑必须牢固；吊运集装箱等箱式吊物装车时，应使用捆绑工具将箱体与车连接牢固，并加垫防滑；管材、构件等必须用紧线器紧固。

（9）新起重工具、吊具应按说明书检验，经试吊无误后方可正式使用。

（10）钢丝绳、套索等的安全系数不得小于 8～10。

六、工程拆除、爆破专项安全施工技术

1.拆除工程施工安全技术

（1）拆除工程施工前，应检查周围危房，必要时进行临时加固。

（2）拆除过程中，现场照明不得使用被拆除建筑物中的配电线，应另外设置配电线路。

（3）拆除工程的施工，必须在工程负责人的统一指挥和监督下进行。工程负责人要根据施工组织设计和安全技术规程向参加拆除的工作人员进行详细的交底和组织学习、领会安全操作规程。

（4）拆除建筑物一般不得采用推倒方法，遇有特殊情况必须采用推倒方法时，必须遵守下列要求。

1）为防止墙壁向掏掘方向倾倒，在掏掘前，要用支撑撑牢。

2）砍切墙根的深度不能超过墙厚的 1/3，墙的厚度小于两块半砖的时候，不准进行掏掘。

3）在建筑物推倒倒塌范围内有其他建筑物时，严禁采用推倒方法。

4）建筑物推倒前，应发出信号，待所有人员远离建筑物高度 2 倍以上的安全距离后，方可进行。

（5）工人从事拆除工作时，应该站在专门搭设的脚手架上或者其他稳固的结构部分上操作。

（6）拆除建筑物时，楼板上不准有多人聚集和堆放材料，以免楼盖结构超载发生倒塌。

（7）拆除区周围应设立围栏，挂警告牌，并派专人监护，严禁无关人员进入或逗留。

（8）在高处进行拆除工程，要设置流放槽，以便散碎废料顺槽流下，拆下较大的或者沉重的材料，要用吊绳或者起重机械及时吊下和运走，禁止向下抛掷。拆卸下来的各种材料要及时清理，分别堆放在一定位置。

（9）拆除建筑物，应该按自上而下顺序进行，禁止数层同时拆除。当拆除某一部分时应防止其他部分的倒塌。

（10）拆除工程在开工前，要领会针对该拆除工程特点而编制的施工组织设计和施工方案及相关的技术交底。

（11）拆除石棉瓦及轻型结构屋面工程时，严禁施工人员直接踩踏在石棉瓦及其他轻型板上进行工作，必须使用移动板梯，板梯上端必须挂牢，防止高处坠落。

（12）拆除工程在施工前，应该将电线、瓦斯煤气管道、上下水管道、供热设备管道等干线及通往该建筑的支线切断或迁移。

（13）拆除建筑物的栏杆、楼梯和楼板等，应该和整体拆除程度相配合，不得先行拆除。建筑物的承重支柱和横梁，要等它所承担的全部结构和荷重拆除后才可以拆除。

2. 爆破工程施工安全技术

（1）采用控制爆破方法进行拆除工程应符合下列要求。

1）在人口稠密、交通要道等地区爆破拆除建筑物，应采用电力或导爆索引爆，不得采用火花起爆。当采用分段起爆时，应采用毫秒雷管起爆。

2）爆破各道工序要认真细致操作、检查和处理。杜绝各种不安全事故发生。

3）采用微量炸药的控制爆破，可大大减少飞石，但不能绝对控制飞石，仍应采用适当保护措施，如对低矮建筑物采用适当护盖，对高大建筑物爆破设一定安全区，避免对周围建筑和人身的危害。

4）爆破时，对原有蒸汽锅炉和空压机房等高压设备，应将其压力降到 $1\sim2$ 个大气压。

5）控制爆破时，应有临时指挥机构，以便分别负责爆破施工和起爆等有关安全工作。

6）用爆破方法拆除建筑物部分结构时，应保证其他结构部分的良好状态。爆破后，如发现保留的结构部分有危险征兆，应采取安全措施，再进行工作。

7）爆破时对依靠自身重量倾倒的建筑物，要经过严格的计算，以保证安全。计算时除应考虑自重外，还应考虑最不利方向上最大风力（按 0.5kPa 计）作用时，不爆部分的失稳程度。

（2）联结导火索和火雷管，必须在专用房内加工。房内不准有电气、金属设备，无关人员不得入内。

（3）装药要用木竹棒轻塞，严禁用力抵入和使用金属棒捣实。禁止使用冻结、半冻结或半熔化的硝化甘油炸药。

（4）爆破工程，必须严格按照经爆破工作领导人或主管部门批准后的单项安全技术方案施工。

（5）放炮必须有专人指挥，事先设立警戒范围，规定警戒时间、信号标志，并派出警戒人员；起爆前要进行检查，必须待施工人员、过路行人、船只、车辆全部避入安全地点后方准起爆，警报解除后方可放行；炮工的掩蔽所必须坚固，道路必须畅通。

（6）电力爆破应遵守下列要求。

1）在电爆网路敷设后，待人员撤至安全地区，然后用欧姆表或电桥检查网路导电是否良好，测量出来的电阻与计算电阻相差不得超过 10%。

2）接线前先将电雷管的脚线连成短路，待接母线时解开，连接母线应从药包开始向电源方向敷设，主线末端未接电源前应先用胶布包好，防止误触电源。

3）电源应有专人严格控制，放炮器应有专人保管，闸刀箱要上锁。不到放炮时间，不准将把手或钥匙插入放炮器或接线盒内。

4）装药时，严禁将电爆机地线接在金属管道和铁轨上。雷雨天气不准露天电力爆破，如中途遇雷电时，应迅速将雷管的脚线、电线主线两端连成短路。

5）同一路电炮应使用同厂、同批、同牌号的雷管，各雷管的电阻误差，应控制在±0.2Ω以内。

6）连线时，必须将手提灯撤出工作面3m以外。用手电照明时，应离连线地点1.5m以外。

（7）加工起爆药包，只许在爆破现场于爆破前进行，并按所需数量一次制作，不得留成品备用，制作好的起爆药包应由专人妥善保管。

（8）火炮群和电炮群在同一施工地段，先点火炮，后合电闸；点火炮不得两人在同一方向先后点炮，每人点炮数目不得超过15个点。起爆后，均不得在最后一炮爆炸之后20min前进入工作面。

（9）水下爆破应遵守下列要求。

1）水下裸露爆破，一定要将药包固定在爆破点上，严防潜水员返回时把药包挂起来。爆破时，装药的船应移向上游。

2）水下钻眼时，应使用带有套管的钻眼机。装药及爆破时，要划定危险区域，并设立警戒标志和值勤人员，必要时应封航。

3）水下爆破应采用电力起爆。除遵守上述电力爆破有关要求外，其电雷管脚线和电力主线都要做到防水、绝缘。

4）装药及爆破时，潜水员及炮工不得携带对讲机和手电筒上船，施工现场也应切断一切电源。

5）水下爆破一般采用裸露药包法和炮眼法。炸药应选用没有变质和防水性能好的，如果选用其他炸药，必须采取严密的防水措施。

6）装药时，要按顺序进行，一般先上游后下游依次对号入孔，以免潜水员挂断起爆电线。

（10）爆破作业人员（包括爆破员、爆破器材保管员、安全员和爆破器材押运员）须经专门安全技术培训考核合格，并取得公安部门发给的有效安全作业证后，持证上岗操作。

（11）使用火雷管时，导火索点火只准用专用香棒，不准使用香烟、火柴或其他明火。

（12）露天爆破安全警戒距离半径：裸露药包、深眼法、峒室法不得小于400m；炮眼法（浅眼法）、药壶法不得小于200m。

（13）坑道内两个邻近工作面之间的厚度小于20m时，一方起爆，另一方工作人员应全部撤离工作面。

（14）峒室法爆破药室内的照明未安起爆体前，其电压应用低压电。安起爆体时，必须用手电筒或在峒外用透光灯照明。

（15）放炮后最少要两人巡视放炮地点，检查处理危岩、支架、瞎炮、残炮。

（16）切割导火索或导爆索，必须用锋利小刀，禁止用剪刀剪断或用石器、铁器敲断。导火索长度不得小于1m，导爆索禁止撞击、抛掷、践踏。切割导火索或导爆索的台桌上，不得放置雷管。

（17）瞎炮处理应遵守下列要求。

1）由于接线不良造成的瞎炮，可以重新接线起爆。

2）电力爆破通电后没有起爆，应将主线从电源上解开，接成短路。此时若要进入现场，如使用即发雷管不得早于短路后5min；如使用延期雷管，不得早于短路后15min。

3）严禁用掏挖或者在原炮眼内重新装炸药，应在距离原炮眼60cm外的地方，另打眼放炮。

4）在瞎炮未处理完毕前，严禁在该地点进行其他作业。

3. 瞎炮处理安全技术

（1）当炮孔深在500mm以内时，可用裸露爆破引爆；炮孔较深时，可用竹木工具小心将炮眼上部堵塞物掏出，用水浸泡并冲洗出整个药包，并将拒爆的雷管销毁，也可将上部炸药掏出部分后，再重新装入起爆药包起爆。

（2）处理瞎炮过程中，严禁将带有雷管的药包从炮孔内拉出来，也不准拉住电雷管上的导线，把电雷管从炸药内拔出来。

（3）深孔瞎炮可采用再次爆破，但应考虑相邻已爆破药包后最小抵抗线的改变，以防飞石伤人。峒室瞎炮处理与深孔瞎炮相同，同未爆炸药包与埋下的岩石混合时，必须将未爆炸药包浸湿后再进行清除。

（4）距炮孔近旁600mm处，重新钻一与之平衡的炮眼，然后装药起爆以销毁原有瞎炮。但新钻与原瞎炮眼一定要平行。

（5）发现炮孔外的电线和电阻、导火索或电爆网（线）路不符合要求，经纠正检查无误后，可重新接通电源起爆。

（6）瞎炮应由原装炮人员当班处理，如不能当班处理，应设置标志，并将包装情况、位置、方向、药量等详细介绍给处理人员，以达到妥善安全处理的目的。

第七章

施工机械机具安全操作要求

一、土石方施工机械安全操作

1. 土石方开挖、运输机械安全操作

（1）土石方机械的内燃机、电动机和液压装置的使用，要严格按照内燃机和电动机操作安全要求。

（2）机械运行中，严禁接触转动部位和进行检修。在修理（焊、铆等）工作装置时，应使其降到最低位置，并应在悬空部位垫上垫木。

（3）桥梁的承载能力有一定限度，履带式机械行走时振动大，通过桥梁要减速慢行，在桥上不要转向或制动，是为了防止由于冲击荷载超过桥梁的承载能力而造成事故。机械通过桥梁时，应采用低速挡慢行，在桥面上不得转向或制动。承载力不够的桥梁，事先应采取加固措施。

（4）机械进入现场前，应查明行驶路线上的桥梁、涵洞的上部净空和下部承载能力，保证机械安全通过。

（5）以下情况是土方施工中常见的危害安全生产的情况。在施工中遇下列情况之一时应立即停工，必要时可将机械撤离至安全地带，待符合作业安全条件时，方可继续施工。

1）填挖区土体不稳定，有发生坍塌危险时。

2）工作面净空不足以保证安全作业时。

3）地面涌水冒泥，出现陷车或因雨发生坡道打滑时。

4）在爆破警戒区内发出爆破信号时。

5）气候突变，发生暴雨、水位暴涨或山洪暴发时。

6）施工标志、防护设施损毁失效时。

（6）对于施工场地中不能取消的电杆等设施，要采取防护措施。在电杆附近取土时，对不能取消的拉线、地垄和杆身，应留出土台。上台半径：电杆应为

1.0～1.5m，拉线应为 1.5～2.0m。并应根据土质情况确定坡度。

（7）土方机械作业时，都要求有一定的配合人员，随机作业，所以一定要保持人机间的安全距离，以防止机械作业中发生伤人事故。配合机械作业的清底、平地、修坡等人员，应在机械回转半径以外工作。当必须在回转半径以内工作时，应制动、停止机械回转后，方可作业。

（8）雨季施工，机械作业完毕后，应停放在较高的坚实地面上。

（9）作业中，应随时监视机械各部位的运转及仪表指示值，如发现异常，应立即停机检修。

（10）当挖土深度超过 5m 或发现有地下水以及土质发生特殊变化等情况时，应根据土的实际性能计算其稳定性，再确定边坡坡度。

（11）土方机械作业对象是土壤，因此需要充分了解施工现场的地面及地下情况，以便采取安全和有效的作业方法，避免操作人员和机械以及地下重要设施遭受损害。作业前，应查明施工场地明、暗设置物（电线、地下电缆、管道、坑道等）的地点及走向，并采用明显记号表示。严禁在离电缆 1m 距离以内作业。

（12）当对石方或冻土进行爆破作业时，所有人员、机具应撤至安全地带或采取安全保护措施。

2. 夯实机械安全操作

（1）蛙式夯实机安全操作。

1）蛙式夯实机能量较小，只能夯实一般土质地面，如在坚硬或软硬不一的地面、冻土及混有砖石碎块的杂土等地面上夯击，其反作用力随坚硬程度而增加，能使夯实机遭受损伤。

2）夯实机作业时，应一人扶夯，一人传递电缆线，且必须戴绝缘手套和穿绝缘鞋。递线人员应跟随夯机后或两侧调顺电缆线，电缆线不得扭结或缠绕，且不得张拉过紧，应保持有 3～4m 的余量。

3）填高的土方比较疏松，夯实填高土方时，应在边缘以内 100～150mm 夯实 2～3 遍后，再夯实边缘，以防止夯机从边缘下滑。

4）蛙式夯实机需要工人手扶操作，并随机移动，因此，对电路的绝缘要求很高。为了安全使用蛙式夯实机，作业前重点检查项目应符合下列要求。

①传动皮带松紧度合适，皮带轮与偏心块安装牢固。

②除接零或接地外，应设置漏电保护器，电缆线接头绝缘良好。

③转动部分有防护装置，并进行试运转，确认正常后，方可作业。

5）在建筑物内部作业时，夯板或偏心块不得打在墙壁上。

6）作业时夯实机扶手上的按钮开关和电动机的接线均应绝缘良好。当发现有漏电现象时，应立即切断电源，进行检修。

7）多机作业时，其平列间距不得小于5m，前后间距不得小于10m。

8）作业时，应防止电缆线被夯击。移动时，应将电缆线移至夯机后方，不得隔机抢扔电缆线，当转向倒线困难时，应停机调整。

9）夯机前进方向和夯机四周1m范围内，不得站立非操作人员。

10）作业时，手握扶手应保持机身平衡，不得用力向后压，以免影响夯机的跳动，并应随时调整行进方向。转弯时不得用力过猛，不得急转弯，以免造成夯机倾翻。

11）夯机发生故障时，应先切断电源，然后排除故障。

12）夯实房心土时，夯板应避开房心内地下构筑物、钢筋混凝土基桩、机座及地下管道等。

13）夯机连续作业时间不应过长，当电动机超过额定温升时，应停机降温。

14）在较大基坑作业时，不得在斜坡上夯行，应避免造成夯头后折。

15）作业后，应切断电源，卷好电缆线，清除夯机上的泥土，并妥善保管。

（2）振动冲击夯安全操作。

1）振动冲击夯应适用于黏性土、砂及砾石等散状物料的压实，不得在水泥路面和其他坚硬地面作业。

2）电动冲击夯应装有漏电保护装置，操作人员必须戴绝缘手套，穿绝缘鞋。作业时，电缆线不应拉得过紧，应经常检查线头安装，不得松动及引起漏电。严禁冒雨作业。

3）为了使机件得到润滑，并提高机温，以利正常作业，内燃冲击夯启动后，内燃机应怠速运转3～5min，然后逐渐加大油门，待夯机跳动稳定后，方可作业。

4）作业时应正确掌握夯机，不得倾斜，为了减少对人体的振动，手把不宜握得过紧，能控制夯机前进速度即可。

5）作业前重点检查振动冲击夯项目应符合下列要求。

①内燃冲击夯有足够的润滑油，油门控制器转动灵活。

②各部件连接良好，无松动。

③电动冲击夯有可靠的接零或接地，电缆线表面绝缘完好。

6）作业中，当冲击夯有异常的响声，应立即停机检查。

7）正常作业时，不得使劲往下压手把，影响夯机跳起高度。在较松的填料上作业或上坡时，可将手把稍向下压，并应能增加夯机前进速度。

8）内燃冲击夯不宜在高速下连续作业，冲击夯的内燃机系风冷二冲程高速（4000r/min）汽油机，如在高速下作业时间过长，将因温度过高而损坏。在内燃机高速运转时不得突然停车。

9）当短距离转移时，应先将冲击夯手把稍向上抬起，将运输轮装入冲击夯的挂钩内，再压下手把，使重心后倾，方可推动手把转移冲击夯。

10）电动冲击夯在接通电源启动后，应检查电动机旋转方向，有错误时应倒换相线。

11）在需要增加密实度的地方，可通过手把控制夯机在原地反复夯实。

12）根据作业要求，内燃冲击夯应通过调整油门的大小，在一定范围内改变夯机振动频率。

13）作业后，应清除夯板上的泥沙和附着物，保持夯机清洁，并妥善保管。

二、桩基工程施工机械安全操作

1. 钻孔机械安全操作

（1）安装钻孔机前，应掌握勘探资料，并确认地质条件符合该钻机的要求，地下无埋设物，作业范围内无障碍物，施工现场与架空输电线路的安全距离符合要求。

（2）钻头和钻杆连接螺纹应良好，滑扣时不得使用。钻头焊接应牢固，不得有裂纹。钻杆连接处应加便于拆卸的厚垫圈。

（3）变速箱换挡时，应先停机，挂上挡后再开机。开机时，应先送浆后开钻；停机时，应先停钻后停浆。泥浆泵应有专人看管，对泥浆质量和浆面高度应随时测量和调整，保证浓度合适。停钻时，出现漏浆应及时补充。并应随时清除沉淀池中杂物，保持泥浆纯净和循环不中断，防止塌孔和埋钻。

（4）钻机的移位和拆卸，应按照说明书规定进行，在转移和拆运过程中，应防止碰撞机架。

（5）加接钻杆时，应使用特制的连接螺栓均匀紧固，保证连接处的密封性，并做好连接处的清洁工作。

（6）作业前，应将各部操纵手柄先置于空挡位置，用人力盘动无卡阻，再启动电动机空载运转，确认一切正常后，方可作业。

（7）钻进中，应随时观察钻机的运转情况，当发生异响、吊索具破损、漏气、漏渣以及其他不正常情况时，应立即停机检查，排除故障后方可继续开钻。

（8）开钻时，钻压应轻，转速应慢。在钻进过程中，应根据地质情况和钻进深度，选择合适的钻压和钻速，均匀给进。

（9）提钻、下钻时，应轻提轻放。钻机下和井孔周围 2m 以内及高压胶管下不得站人。严禁钻杆在旋转时提升。

（10）钻架的吊重中心、钻机的卡孔和护进管中心应在同一垂直线上，钻杆中心允许偏差为 20mm。

（11）钻架、钻台平车、封口平车等的承载部位不得超载。

（12）钻机的安装和钻头的组装应按照说明书规定进行，竖立或放倒钻架时，应有熟练的专业人员进行。

（13）使用空气反循环时，其喷浆口应遮拦并固定管端。

（14）发生提钻受阻时，应先设法使钻具活动后再慢慢提升，不得强行提升。如钻进受阻时，应采用缓冲击法解除并查明原因，采取措施后方可钻进。

（15）安装钻孔机时，钻机钻架基础应夯实、整平。轮胎式钻机的钻架下应铺设枕木，垫起轮胎，钻机垫起后应保持整机处于水平位置。

（16）钻进进尺达到要求时，应根据钻杆长度换算孔底标高，确认无误后再把钻头略为提起，降低转速，空转 5～20min 后再停钻。停钻时，应先停钻后停风。

（17）作业前重点检查项目应符合下列要求。

1）电气设备齐全、电路配置完好。

2）润滑油符合规定，各管路接头密封良好，无漏油、漏气、漏水现象。

3）各部件安装紧固，转动部位和传动带有防护罩，钢丝绳完好，离合器、制动带功能良好。

4）钻机作业范围内无障碍物。

（18）作业后，应对钻机进行清洗和润滑，并应将主要部位遮盖妥当。

2．打桩机械安全操作

（1）打桩机类型应根据桩的类型、桩长、桩径、地质条件、施工工艺等综合考虑选择。打桩作业前，应由施工技术人员向机组人员进行安全技术交底。

（2）打桩机所配置的电动机、内燃机、卷扬机、液压装置等的使用，应按照相应装置的安全技术要求操作。

（3）作业场地至电源变压器或供电主干线的距离应在 200m 以内。

（4）水上打桩时，应选择排水量比桩机重量大 4 倍以上的作业船或牢固排架，打桩机与船体或排架应可靠固定，并采取有效的锚固措施。当打桩船或排架的偏斜度超过3°时，应停止作业。

（5）插桩后，应及时校正桩的垂直度。桩入土3m以上时，严禁用打桩机行走或回转动作来纠正桩的倾斜度。

（6）施工现场应按地基承载力不小于83kPa的要求进行整平压实。在基坑和围堰内打桩，应配置足够的排水设备。

（7）安装时，应将桩锤运到立柱正前方2m以内，并不得斜吊。吊桩时，应在桩上拴好拉绳，不得与桩锤或机架碰撞。

（8）机组人员做登高检查或维修时，必须系安全带；工具和其他物件应放在工具包内，高空人员不得向下随意抛物。

（9）严禁吊桩、吊锤、回转或行走等动作同时进行。打桩机在吊有桩和锤的情况下，操作人员不得离开岗位。

（10）卷扬钢丝绳应经常润滑，不得干摩擦。钢丝绳的使用及报废参见起重吊装机械安全技术要求的相关规定；作业中，当停机时间较长时，应将桩锤落下垫好。检修时不得悬吊桩锤。

（11）打桩机作业区内应无高压线路。作业区应有明显标志或围栏，非工作人员不得进入。桩锤在施打过程中，操作人员必须在距离桩锤中心5m以外监视。

（12）拔送桩时，不得超过桩机起重能力，起拔荷载应符合以下规定：

1）打桩机为电动卷扬机时，起拔荷载不得超过电动机满载电流。

2）打桩机卷扬机以内燃机为动力，拔桩时发现内燃机明显降速，应立即停止起拔。

3）每米送桩深度的起拔荷载可按40kN计算。

（13）遇有雷雨、大雾和6级及以上大风等恶劣天气时，应停止一切作业。当风力超过7级或有风暴警报时，应将打桩机顺风向停置，并应增加缆风绳，或将桩立柱放倒地面上。立柱长度在27m及以上时，应提前放倒。

（14）作业后，应将打桩机停放在坚实、平整的地面上，将桩锤落下垫实，并切断动力电源。

3. 静力压桩机安全操作

（1）压桩机安装地点应按施工要求进行先期处理，应平整场地，地面应达到35kPa的平均地基承载力。

（2）作业后应将控制器放在"零位"，并依次切断各部电源，锁闭门窗，冬季应放尽各部积水。

（3）应检查并确认电缆表面无损伤，保护接地电阻符合规定，电源电压正常，旋转方向正确。

（4）起重机吊桩进入接桩或插桩作业中，应确认在压桩开始前吊钩已安全脱离桩体。

（5）当压桩机的电动机尚未正常运行前，不得进行压桩。

（6）压桩时，应按桩机技术性能表作业，不得超载运行。操作时动作不应过猛，避免冲击。

（7）应检查并确认润滑油、液压油的油位符合规定，液压系统无泄漏，液压缸动作灵活。

（8）压桩时，非工作人员应离机 10m 以外。起重机的起重臂下严禁站人。

（9）冬季应清除机上积雪，工作平台应有防滑措施。

（10）压桩过程中，应保持桩的垂直度，如遇地下障碍物使桩产生倾斜时，不得采用压桩机行走的方法强行纠正，应先将桩拔起，待地下障碍物清除后，重新插桩。

（11）压桩作业时，应统一指挥，压桩人员和吊桩人员应密切联系，相互配合。

（12）电源在导通时，应检查电源电压并使其保持在额定电压范围内。

（13）各液压管路连接时，不得将管路强行弯曲。

（14）当桩在压入过程中，夹持机构与桩测出现打滑时，不得任意提高液压缸压力强行操作，而应找出打滑原因，排除故障后，方可继续进行。

（15）安装配重前，应对各紧固件进行检查，在紧固件未拧紧前不得进行配重安装。

（16）当桩的贯入阻力太大，使桩不能压至标高时，不得任意增加配重。应保护液压元件和构件不受损坏。

（17）接桩时，上一节应提升 350～400mm，此时，不得松开夹持板。

（18）安装时，应控制好两个纵向行走机构的安装间距，使底盘平台能正确对位。

（19）当桩顶不能最后压到设计标高时，应将桩顶部分凿去，不得用桩机行走的方式，将桩强行推断。

（20）安装完毕后，应对整机进行试运转。对吊桩用的起重机，应进行满载试吊。

（21）当压桩引起周围土体隆起，影响桩机行走时，应将桩机前进方向隆起的土铲平，不得强行通过。

（22）压桩机纵向行走时，不得单向操作一个手柄，应两个手柄一起动作。

（23）作业前应检查并确认各传动机构、齿轮箱、防护罩等良好，各部件连接牢固。

（24）压桩机在顶升过程中，船形轨道不应压在已入土的单一桩顶上。

（25）顶升压桩升机时，4个顶升缸应两个一组交替动作，每次行程不得超过100mm。当单个顶升缸动作时，行程不得超过50mm。

（26）压桩机上装设的起重机及卷扬机的使用，应参照起重机及卷扬机操作安全技术要求进行操作。

（27）作业前应检查并确认起重机起升、变幅机构正常，吊具、钢丝绳、制动器等良好。

（28）作业完毕，应将短船运行至中间位置，停放在平整地面上，其余液压缸应全部回程缩进，起重机吊钩应升至最上部，并应使各部制动生效，最后应将外露活塞杆擦干净。

（29）转移工地时，应按规定程序拆卸后，用汽车装运。所有油管接头处应加闷头螺栓，不得让尘土进入。液压软管不得强行弯曲。

三、钢筋施工机械安全操作

1. 钢筋切断机安全操作

（1）液压传动式切断机作业前，应检查并确认液压油位及电动机旋转方向符合要求。启动后应空载运转，松开放油阀，排净液压缸体内的空气，方可进行切筋。

（2）启动后应先空运转，检查各传动部分及轴承运转正常后，方可作业。

（3）切断短料时，手和切刀之间的距离应保持在150mm以上，如手握端小于400mm时，应采用套管或夹具将钢筋短头压住或夹牢。

（4）作业后应切断电源，用钢刷清除切刀间的杂物，进行整机清洁润滑。

（5）机械未达到正常转速时，不得切料。切料时，应使用切刀的中、下部位，紧握钢筋对准刃口迅速投入，操作者应站在固定刀片一侧用力压住钢筋，应防止钢筋末端弹出伤人。严禁用两手分在刀片两边握住钢筋俯身送料。

（6）接送料的工作台面应和切刀下部保持水平，工作台的长度可根据加工材料长度确定。

（7）剪切低合金钢时，应更换高硬度切刀，剪切直径应符合机械铭牌规定。

（8）当发现机械运转不正常、有异常响声或切刀歪斜时，应立即停机检修。

（9）启动前，应检查并确认切刀无裂纹，刀架螺栓紧固，防护罩牢靠。然后，用手转动皮带轮，检查齿轮啮合间隙，调整切刀间隙。

（10）运转中，严禁用手直接清除切刀附近的断头和杂物。钢筋摆动周围和切刀周围，不得停留非操作人员。

（11）不得剪切直径及强度超过机械铭牌规定的钢筋和烧红的钢筋。一次切断多根钢筋时，其总截面积应在规定范围内。

（12）手动液压式切断机使用前，应将放油阀按顺时针方向旋紧，切割完毕后，应立即按逆时针方向旋松。作业中，手应持稳切断机，并戴好绝缘手套。

2. 钢筋弯曲机安全操作

（1）转盘换向时，应待停稳后进行。

（2）工作台和弯曲机台面应保持水平，作业前应准备好各种芯轴及工具。

（3）应检查并确认芯轴、挡铁轴、转盘等无裂纹和损伤，防护罩坚固、可靠，空载运转正常后方可作业。

（4）作业中，严禁更换轴芯、销子和变换角度以及调速，也不得进行清扫和加油。

（5）应按加工钢筋的直径和弯曲半径的要求，装好相应规格的芯轴和成型轴、挡铁轴。芯轴直径应为钢筋直径的 2.5 倍。挡铁轴应有轴套。

（6）弯曲高强度或低合金钢筋时，应按机械铭牌规定换算最大允许直径并应调换相应的芯轴。

（7）挡铁轴的直径和强度不得小于被弯钢筋的直径和强度。不直的钢筋，不得在弯曲机上弯曲。

（8）对超过机械铭牌规定直径的钢筋严禁进行弯曲。在弯曲未经冷拉或带有锈皮的钢筋时，应戴防护镜。

（9）作业时，应将钢筋需弯一端插入转盘固定销的间隙内，另一端紧靠机身固定销，并用手压紧；应检查机身固定销并确认安放在挡住钢筋的一侧，方可开动。

（10）在弯曲钢筋的作业半径内和机身不设固定销的一侧严禁站人。弯曲好的半成品应堆放整齐，弯钩不得朝上。

（11）作业后，应及时清除转盘及插入座孔内的铁锈、杂物等。

3. 冷镦机操作安全要求

（1）机械未达到正常转速时，不得镦头。当镦出的头大小不匀时，应及时调整冲头与夹具的间隙。冲头导向块应保持有足够的润滑。

（2）启动后应先空运转，调整上下模具紧度，对准冲头模进行镦头校对，确认正常后，方可作业。

（3）应检查并确认模具、中心冲头无裂纹，并应校正上下模具与中心冲头的同心度，紧固各部螺栓，做好安全防护。

（4）应根据钢筋直径，配换相应夹具。

4. 钢筋冷挤压连接机安全操作

（1）压模、套筒与钢筋应相互配套使用，压模上应有相对应的连接钢筋规格标记。

（2）设备使用前后的拆装过程中，超高压油管两端的接头及压接钳、换向阀的进出油接头应保持清洁，并应及时用专用防尘帽封好。超高压油管的弯曲半径不得小于250mm，扣压接头处不得扭转，且不得有死弯。

（3）挤压操作应符合下列要求。

1）钢筋挤压连接宜先在地面上挤压一端套筒，在施工作业区插入待接钢筋后再挤压另一端套筒。

2）挤压顺序宜从套筒中部开始，并逐渐向端部挤压。

3）压接钳就位时，应对准套筒压痕位置的标记，并应与钢筋轴线保持垂直。

4）挤压作业人员不得随意改变挤压力、压接道数或挤压顺序。

（4）有下列情况之一时，应对挤压机的挤压力进行标定。

1）挤压设备使用超过一年。

2）油压表受损或强烈振动后。

3）旧挤压设备大修后。

4）套筒压痕异常且查不出其他原因时。

5）新挤压设备使用前。

6）挤压的接头数超过5000个。

（5）挤压机液压系统中的高压胶管不得荷重拖拉、弯折和受到尖利物体刻划。

（6）挤压前的准备工作应符合下列要求。

1）钢筋端部应画出定位标记与检查标记，定位标记与钢筋端头的距离应为套筒长度的一半，检查标记与定位标记的距离宜为20mm。

2）钢筋与套筒应先进行试套，当钢筋有马蹄、弯折或纵肋尺寸过大时，应预先进行矫正或用砂轮打磨；不同直径钢筋的套筒不得串用。

3）钢筋端头的锈、泥沙、油污等杂物应清理干净。

4）检查挤压设备情况，应进行试压，符合要求后方可作业。

（7）作业后，应收拾好成品、套筒和压模，清理场地，切断电源，锁好开关箱，最后将挤压机和挤压钳放到指定地点。

5. 预应力钢丝拉伸设备安全操作

（1）作业场地两端外侧应设有防护栏杆和警告标志。

（2）张拉时，不得用手摸或脚踩钢丝。

（3）高压油泵启动前，应将各油路调节阀松开，然后开动油泵，待空载运转正常后，再紧闭回油阀，逐渐拧开进油阀，待压力表指示值达到要求，油路无泄漏，确认正常后，方可作业。

（4）作业前，应检查被拉钢丝两端的镦头，当有裂纹或损伤时，应及时更换。

（5）高压油泵不得超载作业，安全阀应按设备额定油压调整，严禁任意调整。

（6）用电热张拉法带电操作时，应穿绝缘胶鞋和戴绝缘手套。

（7）作业中，操作应平稳、均匀。张拉时，两端不得站人。拉伸机在有压力情况下，严禁拆卸液压系统的任何零件。

（8）在测量钢丝的伸长时，应先停止拉伸，操作人员必须站在侧面操作。

（9）固定钢丝镦头的端钢板上圆孔直径应较所拉钢丝的直径大 0.2mm。

（10）高压油泵停止作业时，应先断开电源，再将回油阀缓慢松开，待压力表退回至零位时，方可卸开通往千斤顶的油管接头，使千斤顶全部卸荷。

四、混凝土施工安全操作

1. 混凝土泵安全操作

（1）泵送混凝土应连续作业。当因供料中断被迫暂停时，停机时间不得超过30min。暂停时间内应每隔5～10min（冬季3～5min）做2～3个冲程反泵—正泵运动，再次投料泵送前应先将料搅拌均匀。当停泵时间超限时，应排空管道。

（2）泵送管道的敷设应符合下列要求。

1）泵送管道应有支承固定，在管道和固定物之间应设置木垫做缓冲，不得直接与钢筋或模板相连，管道与管道间应连接牢靠；管道接头和卡箍应扣牢密封，不得漏浆；不得将已磨损管道装在后端高压区。

2）垂直泵送管道不得直接装接在泵的输出口上，应在垂直管前端加装长度不小于 20m 的水平管，并在水平管近泵处加装逆止阀。

3）水平泵送管道宜直线敷设。

4）敷设向下倾斜的管道时，应在输出口上加装一段水平管，其长度不应小于倾斜管高低差的 5 倍。当倾斜度较大时，应在坡度上端装设排气活阀。

5）泵送管道敷设后，应进行耐压试验。

（3）作业后，应将料斗内和管道内的混凝土全部输出，然后对泵机、料斗、管道等进行冲洗。当用压缩空气冲洗管道时，进气阀不应立即开大，只有当混凝土顺利排出时，方可将进气阀开至最大。在管道出口端前方 10m 内严禁站人，并应用金属网篮等收集冲出的清洗球和砂石粒。对凝固的混凝土，应采用刮刀清除。

（4）作业前应检查并确认泵机各部螺栓紧固，防护装置齐全、可靠，各部位操纵开关、调整手柄、手轮、控制杆、旋塞等均在正确位置，液压系统正常无泄漏，液压油符合规定，搅拌斗内无杂物，上方的保护格网完好无损并盖严。

（5）混凝土泵应安放在平整、坚实的地面上，周围不得有障碍物，在放下支腿并调整后应使机身保持水平和稳定，轮胎应楔紧。

（6）应配备清洗管、清洗用品、接球器及有关装置。开泵前，无关人员应离开管道周围。

（7）启动后，应空载运转，观察各仪表的指示值、检查泵和搅拌装置的运转情况，确认一切正常后，方可作业。泵送前，应向料斗加入 10L 清水和 $0.3m^3$ 的水泥砂浆润滑泵及管道。

（8）不得随意调整液压系统压力。当油温超过 70℃ 时，应停止泵送，但仍应使搅拌叶片和风机运转，待降温后再继续运行。

（9）泵送作业中，料斗中的混凝土平面应保持在搅拌轴轴线以上。料斗格网上不得堆满混凝土，应控制供料流量，及时清除超粒径的集料及异物，不得随意移动格网。

（10）水箱内应储满清水，当水质混浊并有较多沙砾时，应及时检查处理。

（11）当进入料斗的混凝土有离析现象时应停泵，待搅拌均匀后再泵送。当集料分离严重，料斗内灰浆明显不足时，应剔除部分集料，另加砂浆重新搅拌。

（12）垂直向上泵送中断后再次泵送时，应先进行反向推送，使分配阀内混凝土吸回料斗，经搅拌后再正向泵送。

（13）泵送时，不得开启任何输送管道和液压管道；不得调整、修理正在运转的部件。

（14）泵机运转时，严禁将手或铁锹伸入料斗或用手抓握分配阀。当需在料斗或分配阀上工作时，应先关闭电动机和消除蓄能器压力。

（15）作业中，应对泵送设备和管路进行观察，发现隐患应及时处理。对磨损超过规定的管子、卡箍、密封圈等，应及时更换。

（16）输送管道的管壁厚度应与泵送压力匹配，近泵处应选用优质管子。管道接头、密封圈及弯头等应完好无损。高温烈日下应采用湿麻袋或湿草袋遮盖管路，并应及时浇水降温，寒冷季节应采取保温措施。

（17）砂石粒径、水泥强度等级及配合比应按出厂规定，满足泵机可泵性的要求。

（18）当出现输送管堵塞时，应进行反泵运转，使混凝土返回料斗；当反泵几次仍不能消除堵塞，应在泵机卸载情况下，拆管排除堵塞。

（19）作业后，应将两侧活塞转到清洗室位置，并涂上润滑油。各部位操纵开关、调整手柄、手轮、控制杆、旋塞等均应复位，液压系统应卸载。

（20）应防止管道堵塞。泵送混凝土应搅拌均匀，控制好坍落度；在泵送过程中，不得中途停泵。

2. 混凝土喷射机安全操作

（1）喷射机应采用干喷作业，应按出厂说明书规定的配合比配料，风源应是符合要求的稳压源，电源、水源、加料设备等均应配套。

（2）停机时，应先停止加料，然后再关闭电动机和停送压缩空气。

（3）启动前，应先接通风、水、电，开启进气阀逐步达到额定压力，再启动电动机空载运转，确认一切正常后方可投料作业。

（4）发生堵管时，应先停止喂料，对堵塞部位进行敲击，迫使物料松散，然后用压缩空气吹通。此时，操作人员应紧握喷嘴，严禁甩动管道伤人。当管道中有压力时，不得拆卸管接头。

（5）喷射机内部应保持干燥和清洁，加入的干料配合比及潮润程序，应符合喷射机性能要求，不得使用结块的水泥和未经筛选的砂石。

（6）在喷嘴前方严禁站人，操作人员应始终站在已喷射过的混凝土支护面以内。

（7）转移作业面时，供风、供水系统应随之移动，输料软管不得随地拖拉和折弯。

（8）作业前重点检查项目应符合下列要求。

1）压力表指针在上限、下限之间，根据输送距离调整上限压力的极限值。

2）各部密封件密封良好，对橡胶结合板和旋转板出现的明显沟槽及时修复。

3）电源线无破裂现象，接线牢靠。

4）安全阀灵敏、可靠。

5）喷枪水环（包括双水环）的孔眼畅通。

（9）作业中，当暂停时间超过 1h 时，应将仓内及输料管内的干混合料全部喷出。

（10）管道安装应正确，连接处应紧固密封。当管道通过道路时，应设置在地槽内并加盖保护。

（11）机械操作和喷射操作人员应有联系信号，送风、加料、停料、停风以及发生堵塞时，应及时联系，密切配合。

（12）作业后，应将仓内和输料软管内的干混合料全部喷出，并应将喷嘴拆下清洗干净，清除机身内外黏附的混凝土料及杂物。同时，应清理输料管，并应使密封件处于放松状态。

3. 插入式振动器安全操作

（1）插入式振动器的电动机电源上，应安装漏电保护装置，接地或接零应安全、可靠。

（2）作业停止需移动振动器时，应先关闭电动机，再切断电源。不得用软管拖拉电动机。

（3）使用前，应检查各部并确认连接牢固，旋转方向正确。

（4）作业时，振动棒软管的弯曲半径不得小于 500mm，并不得多于两个弯，操作时应将振动棒垂直地沉入混凝土，不得用力硬插、斜推或让钢筋夹住棒头，也不得全部插入混凝土中，插入深度不应超过棒长的 3/4，不宜触及钢筋、芯管及预埋件。

（5）振动器不得在初凝的混凝土、地板、脚手架和干硬的地面上进行试振。在检修或作业间断时，应断开电源。

（6）电缆线应满足操作所需的长度。电缆线上不得堆压物品或让车辆挤压，严禁用电缆线拖拉或吊挂振动器。

（7）振动棒软管不得出现断裂，当软管使用过久使长度增长时，应及时修复或更换。

（8）操作人员应经过用电教育，作业时应穿绝缘胶鞋和戴绝缘手套。

（9）作业完毕，应将电动机、软管、振动棒清理干净，并应按规定要求进行保养作业。振动器存放时，不得堆压软管，应平直放好，并应对电动机采取防潮措施。

4. 附着式、平板式振动器安全操作

（1）附着式、平板式振动器轴承不应承受轴向力，在使用时，电动机轴应保持水平状态。

（2）附着式振动器安装在混凝土模板上时，每次振动时间不应超过 1min，当混凝土在模内泛浆流动或呈水平状即可停振，不得在混凝土初凝状态时再振。

（3）作业前，应对附着式振动器进行检查和试振。试振不得在干硬土或硬质物体上进行。安装在搅拌站料仓上的振动器，应安置橡胶垫。

（4）装置振动器的构件模板应坚固、牢靠，其面积应与振动器额定振动面积相适应。

（5）使用时，引出电缆线不得拉得过紧，更不得断裂。作业时，应随时观察电气设备的漏电保护器和接地或接零装置并确认合格。

（6）安装时，振动器底板安装螺孔的位置应正确，应防止底脚螺栓安装扭斜而使机壳受损。底脚螺栓应紧固，各螺栓的紧固程度应一致。

（7）在一个模板上同时使用多台附着式振动器时，各振动器的频率应保持一致，相对面的振动器应错开安装。

（8）平板式振动器作业时，应使平板与混凝土保持接触，使振波有效地振实混凝土，待表面出浆、不再下沉后，即可缓慢向前移动，移动速度应能保证混凝土振实出浆。在振的振动器，不得搁置在已凝或初凝的混凝土上。

五、装饰工程施工机械安全操作

1. 木工机械安全操作

（1）操作人员应经过培训，了解机械设备的构造、性能和用途，掌握有关使用、维修、保养的安全技术知识。电路故障必须由专业电工排除。

（2）应及时清理机器台面上的刨花、木屑。严禁直接用手清理。刨花、木屑应存放到指定地点。

（3）必须使用单向开关，严禁使用倒顺开关。

（4）链条、齿轮和皮带等传动部分，必须安装防护罩或防护板。

（5）作业时必须扎紧袖口、理好衣角、扣好衣扣，不得戴手套。作业人员长发不得外露。女工应戴工作帽。

（6）工作场所严禁烟火，必须按规定配备消防器材。

（7）机械运转过程中出现故障时，必须立即停机、切断电源。

（8）作业前试机，各部件运转正常后方可作业。开机前必须将机械周围及脚下作业区的杂物清理干净，必要时应在作业区铺垫板。

（9）作业后必须切断电源，闸箱门锁好。

2. 灰浆搅拌机安全操作

（1）固定式搅拌机的上料斗应能在轨道上移动。料斗提升时，严禁斗下有人。

（2）运转中，严禁将手或木棒等伸进搅拌筒内，或在筒口清理灰浆。

（3）启动后，应先空运转，检查搅拌叶旋转方向正确后，方可加料加水，进行搅拌作业。加入的砂子应过筛。

（4）作业前应检查并确认传动机构、工作装置、防护装置等牢固、可靠，三角胶带松紧度适当，搅拌叶片和筒壁间隙在 3～5mm，搅拌轴两端密封良好。

（5）作业中，当发生故障不能继续搅拌时，应立即切断电源，将筒内灰浆倒出，排除故障后方可使用。

（6）固定式搅拌机应有牢靠的基础，移动式搅拌机应采用方木或撑架固定，并保持水平。

（7）作业后，应清除机械内外砂浆和积料，用水清洗干净。

3. 喷浆机安全操作

（1）泵体内不得无液体干转。在检查电动机旋转方向时，应先打开料桶开关，让石灰浆流入泵体内部后，再开动电动机带泵旋转。

（2）喷嘴孔径宜为 2.0～2.8mm；当孔径大于 2.8mm 时，应及时更换。

（3）喷涂前，应对石灰浆采用 60 目筛网过滤两遍。

（4）作业后，应往料斗注入清水，开泵清洗直到水清为止，再倒出泵内积水，清洗疏通喷头座及滤网，并将喷枪擦洗干净。

（5）石灰浆的密度应为 1.06～1.10g/cm³。

（6）长期存放前，应清除前、后轴承座内的石灰浆积料，堵塞进浆口，从出浆口注入机油约 50mL，再堵塞出浆口，开机运转约 30s，使泵体内润滑防锈。

4. 手持电动工具安全操作

（1）使用角向磨光机时应符合下列要求：

1) 磨削作业时，应使砂轮与工件面保持 15°～30°的倾斜角；切削作业时，砂轮不得倾斜，并不得横向摆动。

2) 砂轮应选用增强纤维树脂型，其安全线速度不得小于 80m/s。配用的电缆与插头应具有加强绝缘性能，并不得任意更换。

(2) 采用工程塑料为机壳的非金属壳体的电动机、电器，在存放和使用时应防止受压、受潮，并不得接触汽油等溶剂。

(3) 为了防止射钉枪射钉误发射而造成人身伤害事故，使用射钉枪时应符合下列要求：

1) 在更换零件或断开射钉枪之前，射枪内均不得装有射钉弹。

2) 严禁用手掌推压钉管和将枪口对准人。

3) 击发时，应将射钉枪垂直压紧在工作面上，当两次扣动扳机、子弹均不击发时，应保持原射击位置数秒钟后，再退出射钉弹。

(4) 机具启动后，应空载运转，应检查并确认机具联动灵活无阻。作业时，加力应平稳，不得用力过猛。

(5) 使用刀具的机具，应保持刃磨锋利，完好无损，安装正确，牢固、可靠。

(6) 手持电动工具依靠操作人员的手来控制，如果在运转过程中撒手，机具失去控制，会破坏工件、损坏机具，甚至造成人身伤害。所以机具转动时，不得撒手不管。

(7) 使用冲击电钻或电锤时，应符合下列要求：

1) 钻孔时，应注意避开混凝土中的钢筋。

2) 电钻和电锤为 40%断续工作制，不得长时间连续使用。

3) 作业孔径在 25mm 以上时，应有稳固的作业平台，周围应设护栏。

4) 作业时应掌握电钻或电锤手柄，打孔时先将钻头抵在工作表面，然后开动，用力适度，避免晃动；转速若急剧下降，应减少用力，防止电动机过载，严禁用木杠加压。

(8) 手持电动工具转速高，振动大，作业时与人体直接接触，所以在潮湿地区或在金属构架、压力容器、管道等导电良好的场所作业时，必须使用双重绝缘或加强绝缘的电动工具。

(9) 使用瓷片切割机时应符合下列要求：

1) 切割过程中用力应均匀适当，推进刀片时不得用力过猛。当发生刀片卡死时，应立即停机，慢慢退出刀片，应在重新对正后方可再切割。

2）作业时应防止杂物、泥尘混入电动机内，并应随时观察机壳温度。当机壳温度过高及产生炭刷火花时，应立即停机检查处理。

（10）作业前的检查应符合下列要求：

为保证手持电动工具的正常使用，在手持电动工具作业前必须按照以下要求进行检查：

1）外壳、手柄不出现裂缝、破损。

2）各部防护罩齐全牢固，电气保护装置可靠。

3）电缆软线及插头等完好无损，开关动作正常，保护接零连接正确、牢固、可靠。

（11）作业中，不得用手触摸刃具、模具和砂轮，发现其有磨钝、破损情况时，应立即停机修整或更换，然后再继续进行作业。

（12）使用电剪时应符合下列要求：

1）作业时不得用力过猛，当遇刀轴往复次数急剧下降时，应立即减少推力。

2）作业前应先根据钢板厚度调节刀头间隙量。

（13）使用砂轮的机具，其转速一般在 10000r/min 以上，因此，对砂轮的质量和安装有严格要求。使用前应检查砂轮与接盘间的软垫并安装稳固，螺帽不得过紧，凡受潮、变形、裂纹、破碎、磕边缺口或接触过油、碱类的砂轮均不得使用，并不得将受潮的砂轮片自行烘干使用。

（14）严禁超载使用。为防止机具故障达到延长使用寿命的目的，作业中应注意音响及温升，发现异常应立即停机检查。在作业时间过长，机具温升超过60℃时应停机，自然冷却后再行作业。

（15）使用拉铆枪时应符合下列要求：

1）铆接时，当铆钉轴未拉断时，可重复扣动扳机，直到拉断为止，不得强行扭断或撬断，以免造成机件损伤。

2）为避免失去调节精度、影响操作，作业中，接铆头子或并帽若有松动，应立即拧紧。

3）被铆接物体上的铆钉孔应与铆钉滑配合，并不得过盈量太大以免影响铆接质量。

5. 空气压缩机安全操作

（1）为保证空气压缩机的正常使用，在空气压缩机作业前必须按照以下要求进行检查：

1）燃、润油料均添加充足；

2）各防护装置齐全良好，储气罐内无存水；

3）各连接部位紧固，各运动机构及各部阀门开闭灵活；

4）电动空气压缩机的电动机及启动器外壳接地良好，接地电阻不大于4Ω。

（2）输气管道输送的压缩空气如果直接吹向人体，会造成人身伤害事故，输气胶管应保持畅通，不得扭曲，开启送气阀前，应将输气管道连接好，并通知现场有关人员后方可送气。在出气口前方，不得有人工作或站立，防止压缩空气外泄伤人。

（3）空气压缩机的进排气管较长时，应加以固定，管路不得有急弯，以减少输气阻力；为防止金属管路因热胀冷缩而变形，对较长管路应设伸缩变形装置。

（4）每工作2h，应将液气分离器、中间冷却器、后冷却器内的油水排放一次。储气罐内的油水每班应排放1～2次。

（5）空气压缩机作业区应保持清洁和干燥。作为压力容器，储气罐应放在通风良好处，要尽可能降低温度，以提高储存压缩空气的质量，要远离热源，距储气罐15m以内不得进行焊接或热加工作业。

（6）发现下列情况之一时应立即停机检查，找出原因并排除故障后，方可继续作业：

1）漏水、漏气、漏电或冷却水突然中断；

2）机械有异响或电动机电刷发生强烈火花；

3）压力表、温度表、电流表指示值超过规定；

4）排气压力突然升高，排气阀、安全阀失效。

（7）运转中，在缺水而使汽缸过热停机时，如果立即注入冷水，高温的汽缸体因骤冷收缩，容易产生裂缝而导致损坏。因此，应待汽缸自然降温至60℃以下时，方可加水。

（8）储气罐上的安全阀是限制储气罐内的压力不超过规定值的安全保护装置，作业中储气罐内压力不得超过铭牌额定压力，安全阀应灵敏、有效。进、排气阀，轴承及各部件应无异响或过热现象。

（9）当电动空气压缩机运转中突然停电时，应立即切断电源，等来电后重新在无荷载状态下启动。

（10）储气罐和输气管路每3年应做水压试验一次，试验压力应为额定压力的150％。压力表和安全阀应每年至少校验一次。

（11）停机后，应关闭冷却水阀门，打开放气阀，放出各级冷却器和储气罐内的油水和存气，方可离岗。

（12）空气压缩机的内燃机和电动机的使用应分别按照内燃机和电动机安全操作要求进行操作。

（13）空气压缩机应在无载状态下启动，启动后低速空运转，检视各仪表指示值符合要求，运转正常后，逐步进入荷载运转。

（14）停机时，应先卸去荷载，然后分离主离合器，再停止内燃机或电动机的运转。

（15）在潮湿地区及隧道中施工时，对空气压缩机外露摩擦面应定期加注润滑油，对电动机和电气设备应做好防潮保护工作。

六、气焊与气割工具安全操作

1. 乙炔发生器使用安全要求

（1）不准安放在避雷针接地导体附近以及金属构件接地导线上，同时要注意，不要放在可能成为电气回路的轨道中。

（2）移动式乙炔发生器可安放在室外，也可安放在通风良好的室内。但严禁安放在锻工、铸工和热处理等热加工车间、正在运行的锅炉房等。

（3）禁止放在高压线下和起重机滑线下面。

（4）发生器的操作人员必须受过专门培训（气焊工人）；熟悉发生器的结构、作用、工作原理及维护规则，并经安全部门考试合格。

（5）放置位置还要注意防止可能来自高处的烟火、电焊火花以及坠落工件的打击。

（6）不准靠近空气压缩机、通风机的吸口处。

（7）固定式乙炔发生器，必须安放在单独房间或专用棚子内。

（8）乙炔发生器不准安放在剧烈振动的工作台和设备上。

（9）乙炔发生器与明火、散发火花地点、高压电源线及其他热源的距离，应不小于10m。

（10）严禁在烈日下暴晒。

2. 乙炔压力表的使用安全要求

（1）压力表一定要保持洁净，表盘上玻璃明亮清晰、表盘刻度要清楚易见，以便观察指针指的压力值，否则不得使用。

（2）要经常注意检查压力表指针转动与波动情况，如发现有不正常现象时，应立即停止工作，对压力表进行检修或更换新的压力表。

（3）焊接（或气割）工作中要经常观察压力表的指示值，使其不大于乙炔发生器最高工作压力值（0.15MPa）。

（4）压力表的连接管要经常或定期进行吹洗，以防堵塞。

（5）压力表必须按规定经计量部门检验校正后，方可使用；超过应校期限的压力表，应重新进行检验校正，否则不得使用。

3．氧气表的使用安全要求

（1）一定注意氧气表不得沾有油脂，如果沾有油脂，就必须擦洗干净后再使用。

（2）装卸氧气表时，一定要拧紧，并注意防止管接头有滑丝漏气现象，以免因装表不牢而射出，待正常后再接氧气胶管。

（3）上装氧气表以前，要微开氧气瓶阀，吹净瓶口处杂质，随后关闭瓶阀，并开始上表，瓶口不可直对人体，同时要将调压螺杆松开。

（4）开启氧气瓶阀时，要缓慢拧开，以防止因高压气流作用而引起静电火花。

（5）新的氧气表，必须有出厂合格证。已用的氧气表要做定期检查，已超过定期检查期限的不得继续使用。

（6）应经常检查氧气表的工作情况，如发现有故障，一定要及时修理，修好后再用。

4．氧气瓶的使用安全要求

（1）禁止在带压力的氧气瓶上拧紧瓶阀和垫圆螺母的方法消除泄漏。

（2）开启瓶阀时，操作者应站在瓶阀气体喷出方向的侧面并缓慢开启。避免氧气流朝向人体、易燃气体或火源喷出。

（3）使用氧气瓶前，应稍打开瓶阀，吹出瓶阀上黏附的细屑或脏污后立即关闭，然后接上减压表再使用。

（4）出厂前，必须按照《气瓶安全监察规程》的规定严格进行技术检验。合格后，方可使用。

（5）防振：在储运和使用过程中，一定要避免剧烈振动和撞击，尤其是严寒季节、低温情况下，金属材料易发生脆裂而造成气瓶爆炸。搬运气瓶时，应用专门的抬架或小推车，不得肩背手扛，禁止直接使用钢绳、链条、电磁吸盘等吊运氧气瓶。要轻装轻卸，严禁从高处滑下或在地面滚动。运输时，气瓶必须有护圈和戴好瓶帽。使用和贮存时，应用栏杆或支架加以固定，防止气瓶突然倾倒。

（6）防热：要防止氧气瓶直接受热，应远离高温、明火和熔融金属飞溅物等

10m 以上。

（7）留有余气并关紧阀门：留有余气的目的是使气瓶保持正压，以免可燃气体进入瓶内，同时便于瓶内气体成分化验。

（8）防静电火花和绝热压缩：主要发生于开启瓶阀和减压器的操作。我们应当了解，高速气流中的静电火花放电、固体微粒的碰撞热和摩擦热、气体受突然压缩时放出的热量（即绝热压缩）等，都可能成为氧气瓶和减压器爆炸着火的因素。因气瓶里的氧气一般均含有部分水和锈皮等，当瓶阀或减压器开得过快时，则氧气高速流动的水滴和固体微粒，就会与管壁产生摩擦而出现火花。绝热压缩的危险是高压气流的冲击，将使减压器内局部（高压室或低压室）的气体突然压缩，瞬间产生的热量会使温度剧增，完全有可能使橡胶软隔膜、衬垫等材料着火，甚至会使铜和钢等金属燃烧，造成减压器完全烧坏，还会导致氧气瓶着火爆炸。

（9）防油：氧气瓶不得沾有油脂，同时也不能用沾有油脂的工具、手套或油污工作服等接触阀门或减压器等。

（10）禁止用氧气对局部焊接部位通风换气。

（11）与乙炔瓶的距离不得小于 3m。

（12）当瓶阀或减压器发生冻结时，只能用热水或蒸汽进行解冻，绝对不能用火焰烤或烧红金属去烫。

（13）禁止使用氧气代替压缩空气吹净工作服、乙炔管道，或用作试压和气动工具的气源。

（14）氧气瓶必须做定期性技术检验，按照安全规程的规定，每 3 年检验一次。超过检验期限的气瓶不得使用。

5. 乙炔瓶使用、运输和储存安全要求

（1）使用压力不得超过 0.15MPa，输气流速不应超过 1.5～2.0m³/（h·瓶）。

（2）瓶阀冻结时，严禁用火烘烤，必要时可用 40℃ 以下的温水解冻。

（3）使用时的安全技术要求：禁止敲击、碰撞。要立放，不能卧放，以防丙酮流出，引起着火爆炸（丙酮蒸汽与空气混合的爆炸极限为 2.9%～13%）。气瓶立放 15～20min 后，才能开启气瓶阀使用。拧开瓶阀时，一般情况只拧 3/4 转，最多不要超过 1.5 转。

（4）工作地点不固定且移动较频繁时，应装在专用小车上，同时使用乙炔瓶和氧气瓶时，应尽量避免放在一起。

（5）吊装、搬运时，应使用专用夹具和防振的运输车，严禁用电磁起重机和链绳吊装搬运。

（6）使用时要注意固定，防止倾倒，严禁卧放使用，局部温度不要超过40℃（即烫手）。

（7）不得靠近热源和电气设备。夏季要防止暴晒；与明火的距离一般不小于10m（高空作业时，是垂直地面处的平行距离）。

（8）必须装设专用的减压器、回火防止器。开启时，操作者应站在阀口的侧后方，动作要轻缓。

（9）严禁铜、银、汞等及其制品与乙炔接触，必须使用铜合金器具时，合金含铜量应低于70％。

（10）严禁放置在通风不良及有放射线的场所，且不得放在橡胶等绝缘体上。

（11）瓶内气体严禁用尽，必须留有不低于表7-1规定的剩余压力。

表7-1　　　　　　　　　　　环境温度与剩余压力关系

环境温度/℃	<0	0~15	15~25	25~40
剩余压力/MPa	0.05	0.1	0.2	0.3

（12）运输乙炔瓶的安全技术要求。

1）夏季要有遮阳设施，防止暴晒，炎热地区应避免白天运输。

2）车、船装运时应妥善固定。汽车装运乙炔瓶横向排放时，头部应朝向一方，且不得超过车厢高度；直立排放时，车厢高度不得低于瓶高的2/3。

3）严禁与氯气瓶、氧气瓶及易燃物品同车运输。

4）车上禁止烟火，并应备有干粉或二氧化碳灭火器（严禁使用四氯化碳灭火器）。

5）应轻装轻卸，严禁抛、滑、滚、碰。

6）严格遵守交通和公安部门颁布的危险品运输条例及有关规定。

（13）储存乙炔瓶的安全技术要求。

1）储存间应有良好的通风、降温等设施，要避免阳光直射，要保证运输道路通畅，在其附近应设有消火栓和干粉或二氧化碳灭火器（严禁使用四氯化碳灭火器）。

2）使用乙炔瓶的现场，储存量不得超过5瓶；超过5瓶但不超过20瓶，应在现场或车间内用非燃烧体或难燃烧体墙隔成单独的储存间，应有一面靠外墙；超过20瓶，应设置乙炔瓶库；储存量不超过40瓶的乙炔库房，可与耐火等级不低于二级的生产厂房毗连建造，其毗连的墙应是无门、窗和洞的防火墙，并严禁任何管线穿过。

3）乙炔瓶储存时，一定要保持竖立位置，并有防止倾倒的措施。

4）储存间与明火或散发火花地点的距离，不得小于15m，而且不应设在地下室或半地下室。

5）储存间应有专人管理，在醒目的地方应设置"乙炔危险""严禁烟火"的标志。

6）严禁与氯气瓶、氧气瓶及易燃物品同间储存。

6. 气焊主要工具使用安全要求

焊炬与割炬及胶管等是气焊工的主要工具，如果其性能不正常或操作失误，将会造成回火爆炸，烧伤或烧坏焊炬、割炬等事故。

（1）焊炬的使用安全要求。

1）使用前应首先检查其射吸性能，射吸性能不正常，必须进行修理，否则不得使用。

2）在前两项检查合格的基础上，进行点火检验，点火方法有两种：一种是先给乙炔，另一种是先给氧气。比较安全的点火方法是先给乙炔，点燃后立即给氧气并调节火焰。

3）焊炬的各连接部位、气体通道及调节阀等处，均不得沾染油脂。

4）停火时，应先关乙炔后关氧气，这样可防止火焰倒袭和产生烟灰。

5）发生回火时，应急速关闭乙炔，随后立即关闭氧气，这样倒袭的火焰在焊炬内会很快熄灭。

6）射吸性能检查正常后，进行是否漏气检查，焊炬的所有连接部位不得有漏气现象。

7）为使用方便而不卸下胶管的做法是不允许的（焊炬、胶管和气源做永久性连接），同时也不允许连有气源的焊炬放在容器内或锁在工具箱内。

（2）胶管的使用安全要求。

1）使用中应避免受外界挤压和砸、碰等机械损伤，不得将管身折叠，不得与炽热的工件接触。

2）使用和保管时，应防止与酸、碱、油类以及其他有机溶剂接触，以防胶管损坏。

3）使用前，必须将胶管内的滑石粉吹除干净，以防止气路被堵塞。

4）如果回火火焰烧进氧气胶管，则胶管不得继续使用，必须更换新胶管，否则不安全。

5）胶管的长度不应过长，过长会增加不安全因素。

6）氧气与乙炔胶管不得相互混用，或以不合格的其他类型的胶管代替。所用的胶管必须符合国家标准要求。氧气胶管应符合国家标准《气体焊接设备 焊接、切割和类似作业用橡胶软管》（GB/T 2550—2016）的规定，胶管为黑色；乙炔胶管应符合国家标准规定，胶管为红色。

7）气割时，气瓶阀应全部拧开，以便保证足够的流量和稳定的压力，这样可防止回火和倒燃进入氧气胶管，引起爆炸着火。

8）胶管原则上不得有接头。特殊情况需接头时，应使用含铜 70% 以下的铜管、低合金钢管或不锈钢管，以防爆炸事故的发生。接头处必须保证无漏气现象。

（3）割炬的使用安全要求。

1）点火试验。如果点火后，火焰突然熄炮，则说明割嘴没有装好，这时应松开割嘴进行检查。

2）气割前应将工件表面的漆皮、锈层及油水、污物等清理干净。工作场地是水泥地面时，应将工件垫高，以防锈皮和水泥爆溅后伤人。

3）停火时，应先关掉切割氧流，接着再关掉乙炔，最后关掉预热氧流。发生回火时，应立即关掉乙炔，再关预热氧和切割氧。

7. 电焊工具安全操作要求

（1）焊钳和焊枪安全要求。

1）等离子焊枪应保证水冷却系统密封，不漏气、不漏水。

2）有良好的绝缘性能和隔热能力。手柄要有良好的绝热层，以防发热烫手。气体保护焊的焊枪头应用隔热材料包覆保护。焊钳由夹条处至握柄连接处止，间距为 150mm。

3）结构轻便、易于操作。手弧焊钳的重量不应超过 600g，要采用国家定型产品。

4）焊钳和焊枪与电缆的连接必须简便、牢靠，连接处不得外露，以防触电。

5）手弧焊钳应保证在任何斜度下都能夹紧焊条，更换方便。

（2）焊接电缆安全要求。焊接电缆是连接焊机和焊钳（枪）、焊件等的绝缘导线，应具备下列安全要求：

1）焊接电缆应具有良好的抗机械损伤能力，耐油、耐热和耐腐蚀等性能。

2）轻便柔软，能任意弯曲和扭转，便于操作。

3）焊接电缆的长度应根据具体情况来决定。太长则电压降增大，太短则对工作不方便，一般电缆长度取 20～30m。

4）焊接电缆应具有良好的导电能力和绝缘外层。一般是用紫铜芯（多股细线）线外包胶皮绝缘套制成，绝缘电阻不小于 $1M\Omega$。

5）要有适当的截面积。焊接电缆的截面积应根据焊接电流的大小，按规定选用。以保证导线不致过热而烧坏绝缘层，电缆截面与最大使用电流见表 7 - 2。

表 7 - 2　　　　　　　　　　　　　电缆截面与最大使用电流

导线截面积/mm²	单股	25	50	70	95
	双股	2×6	2×16	2×25	2×35
最大使用电流/A		200	300	450	600

6）严禁利用厂房的金属机构、管道、轨道或其他金属搭接起来，作为导线使用。

7）焊接电缆应用整根的，中间不应有接头。如需用短线接长时，则接头不得超过两个。接长电缆时，应用接头连接器牢固连接，连接处应保持绝缘良好。

8）不得将焊接电缆放在电弧附近炽热的焊缝金属旁，以避免烧坏绝缘层。同时，也要避免碾压磨损等。禁止焊接电缆与油脂等易燃物料接触。

9）焊接电缆的绝缘情况，应每半年做一次定期检查。

10）焊接电缆与焊机的接线，必须采用铜（或铝）线鼻子，以避免二次端子板烧坏，造成火灾。

11）焊机与配电盘连接的电源线，因电压高，除保证良好的绝缘外，其长度不应超过 3m。如确需较长导线时，应采取间隔的安全措施，即应离地面 2.5m 以上沿墙用瓷瓶布设。严禁将电源线沿地铺设，更不要落入泥水中。

（3）电焊工具使用安全要求。为了防止触电事故的发生，除按规定穿戴防护工作服、防护手套和绝缘胶鞋外，还应保持干燥和清洁。在操作过程中，还应注意以下几方面的问题：

1）焊接工作开始前，应首先检查焊机和工具是否完好和安全、可靠。如焊钳和焊接电缆的绝缘是否有损坏的地方，焊机的外壳接地和焊机的各接线点接触是否良好。不允许未进行安全检查就开始操作。

2）工作地点潮湿时，地面应铺有橡胶板或其他绝缘材料。

3）身体出汗后而使衣服潮湿时，切勿靠在带电的钢板或工件上，以防触电。

4）在带电情况下，为了安全，焊钳不得夹在腋下去搬被焊工件或将焊接电缆挂在颈上。

5）推拉闸刀开关时，脸部不允许直对电闸，以防止短路造成的火花烧伤面部。

6）在狭小空间、船舱、容器和管道内工作时，为防止触电，必须穿绝缘鞋，脚下垫有橡胶板或其他绝缘衬垫；最好两人轮换工作，以便互相照看。否则须有一名监护人员，随时注意操作人的安全情况，一遇有危险情况，就立即切断电源进行抢救。

7）更换焊条一定要戴皮手套，不能赤手操作。

8）下列操作，必须在切断电源后才能进行：改变焊机接头时；更换焊件需要改接二次回路时；更换保险装置时；焊机发生故障需进行检修时；转移工作地点搬动焊机时；工作完毕或临时离开工作现场时。

七、设备安装工程机械安全操作

1. 电动机安全技术

（1）长期停用或可能受潮的电动机，使用前应测量绝缘电阻，其值不得小于 0.5MΩ。

（2）采用热继电器作电动机过载保护时，其容量小于额定电流时，则电动机未过载时即发生作用；大于额定电流时，就失去了保护作用。因此，其容量应选择电动机额定电流的 $100\% \sim 125\%$。

（3）当电动机额定电压变动在 $-5\% \sim +10\%$ 的范围内时，可以额定功率连续运行；当超过时，则应控制负荷。

（4）电动机应装设过载和短路保护装置。并应根据设备需要装设断相和失压保护装置。每台电动机应有单独的操作开关。

（5）电动机在正常运行中，不得突然进行反向运转。

（6）电动机的集电环与电刷的接触不良时，会发生火花，集电环与电刷磨损加剧，还会增加电能损耗，甚至影响正常运转。集电环与电刷的接触面不得小于满接触面的 75%。电刷高度磨损超过原标准 2/3 时，应更换新电刷。

（7）电动机械在工作中遇停电时，应立即切断电源，将启动开关置于停止位置。

（8）电动机的熔丝额定电流应按下列条件选择。

1）多台电动机合用的总熔丝额定电流为其中最大一台电动机额定电流的

150%～250%，再加上其余电动机额定电流的总和。

2）单台电动机的熔丝额定电流为电动机额定电流的150%～250%。

（9）电动机运行中应无异响、无漏电，轴承温度正常且电刷与滑环接触良好。旋转中电动机的允许最高温度应按下列情况取值：滑动轴承为80℃，滚动轴承为95℃。

（10）直流电动机的换向器表面如有损伤，运转时会产生火花，加剧电刷和换向器的损伤，影响正常运转，直流电动机的换向器表面应保持光洁，当有机械损伤或火花灼伤时应修整。

（11）电动机停止运行前，应首先将荷载卸去，或将转速降到最低，然后切断电源，启动开关应置于停止位置。

2. 动力与电气装置操作安全基本要求

（1）清洗机电设备时，不得将水冲到电气设备上。

（2）冷却系统的水质应保持洁净，硬水含有大量矿物质，高温作用下将产生水垢堵塞水道，降低散热功能，所以需要经过软化处理后再使用。

（3）电气装置遇跳闸时，不得强行合闸，以免导致接零或接地失去保护作用烧坏电气设备。应查明原因，排除故障后方可再行合闸。

（4）在同一供电系统中，不得同时采用接零和接地两种保护方法，即不得将一部分电气设备做保护接地，而将另一部分电气设备做保护接零。

（5）严禁带电作业或采用预约停送电时间的方式进行电气检修。检修前必须先切断电源并在电源开关上挂"禁止合闸，有人工作"的警告牌。警告牌的挂、取应有专人负责。

（6）安装在室内的各类固定式动力机械，基础（基座）应符合规定，移动式动力机械应处于水平状态，放置稳固。内燃机机房应有良好的通风，周围应有1m以上的通道，排气管必须引出室外，并不得与可燃物接触。室外使用动力机械应搭设机棚。

（7）严禁利用大地做工作零线，不得借用机械本身金属结构做工作零线。

（8）电气设备的额定工作电压必须与电源电压等级相符。

（9）各种配电箱、开关箱应配备安全锁，箱内不得存放任何其他物件并应保持清洁。非本岗位作业人员不得擅自开箱合闸。每班工作完毕后应切断电源，锁好箱门。

（10）电气设备的金属外壳应采用保护接地或保护接零，具体要求如下两点：

1）保护接零：中性点直接接地系统中的电气设备应采用保护接零。

2）保护接地：中性点不直接接地系统中的电气设备应采用保护接地。接地网接地电阻不宜大于 4Ω（在高土壤电阻率地区，应遵照当地供电部门的规定）。

（11）电气设备的每个保护接地或保护接零点必须用单独的接地（零）线与接地干线（或保护零线）相连接。严禁在一个接地（零）线中串接几个接地（零）点。

（12）发生人身触电时，应立即切断电源，然后方可对触电者做紧急救护。严禁在未切断电源之前与触电者直接接触。

（13）在保护接零的零线上串接熔断器或短路设备，将使零线失去保护功能。所以，不得在保护接零的零线上装设开关或熔断器。

（14）动力机械的燃油和润滑油牌号应符合该机规定，油质和加油器具应保持洁净（柴油应沉淀过滤），并应按季节要求换油。

（15）电气设备或线路发生火警时，应首先切断电源。在未切断电源之前，不得使身体接触导线或电气设备，也不得用水或泡沫灭火剂进行灭火。

3. 10kV 以下配电装置安全技术

（1）施工现场低压电力线路网必须采用两级漏电保护系统，即第一级的总电源（总配电箱）保护和第二级的分电源（分配电箱或开关箱）保护，其额定漏电动作电流和额定漏电动作时间应合理配合，并应具有分级分段保护的功能。

（2）施工电源及高低压配电装置应设专职值班人员负责运行与维护，高压巡视检查工作不得少于两人，每半年应进行一次停电检修和清扫。

（3）配电箱或开关箱内的漏电保护器的额定漏电动作电流不应大于 30mA，额定漏电动作时间应小于 0.1s；使用于潮湿或有腐蚀介质场所的漏电保护器应采用防溅型产品，其额定漏电动作电流不应大于 15mA，额定漏电动作时间应小于 0.1s。

（4）避雷装置在雷雨季节之前应进行一次预防性试验，并应测量接地电阻。雷电后应检查阀型避雷器的瓷瓶、连接线和地线均应完好无损。

（5）施工现场电动建筑机械或手持电动工具的荷载线，必须按其容量选用无接头的铜芯橡皮护套软电缆。其中，绿、黄双色线在任何情况下只可用作保护零线或重复接地线。

（6）停用或经修理后的高压油开关，在投入运行前应全面检查，在额定电压下做合闸、跳闸操作各三次，其动作应正确、可靠。

（7）在易燃、易爆、有腐蚀性气体的场所应采用防爆型低压电器；在多尘和潮湿或易触及人体的场所应采用封闭型低压电器。

（8）在施工现场专用的中性点直接接地的电力线路中必须采用 TN-S 接零保护系统。施工现场所有电气设备的金属外壳必须与专用保护零线连接。

（9）各种熔断器的额定电流必须按规定合理选用。严禁在现场利用铁丝、铝丝等非专用熔丝替代。熔断器具有在一定温度下被烧断的特性，在电路中起着过载和短路的保护作用。如果熔断器的熔点选择不当或用其他金属丝代替，由于熔点不同，当电路中出现过载或短路时，不能及时熔断而失去保护作用。

（10）隔离开关应每季检查一次，瓷件应无裂纹及放电现象；接线柱和螺栓应无松动；刀型开关应无变形、损伤，接触应严密。三相隔离开关各相动触头与静触头应同时接触，前后相差不得大于 3mm。

（11）施工现场的各种配电箱、开关箱必须有防雨设施，并应装设端正、牢固。固定式配电箱、开关箱的底部与地面的垂直距离应为 1.3~1.5m；移动式配电箱、开关箱的底部与地面的垂直距离宜为 0.6~1.5m。

（12）施工现场低压供电线路的干线和分支线的终端，以及沿线每 1km 处的保护零线应做重复接地；配电室或总配电箱的保护零线以及塔式起重机的行走轨道均应做重复接地。重复接地的接地电阻值不应大于 10Ω。

（13）每台电动建筑机械应有各自专用的开关箱，必须实行"一机一闸"制。开关箱应设在机械设备附近。

（14）漏电保护器应按产品使用说明书的规定安装、使用和定期检查，确保动作灵敏、运行可靠、保护有效。

（15）各种电源导线严禁直接绑扎在金属架上。

（16）低压电气设备和器材的绝缘电阻不得小于 0.5MΩ。

（17）配电箱电力容量在 15kW 以上的电源开关严禁采用瓷底胶木刀型开关。4.5kW 以上电动机不得用刀型开关直接启动。各种刀型开关应采用静触头接电源，动触头接荷载，严禁倒接线。

（18）高压油开关的瓷套管应保证完好，油箱无渗漏，油位、油质正常，合闸指示器位置正确，传动机构灵活、可靠。并应定期对触头的接触情况、油质、三相合闸的同期性进行检查。

（19）架空导线的截面应满足安全载流量的要求，而且电压损失不应大于 5%。同时，导线的截面应满足架空强度要求，绝缘铝线截面不得小于 16mm^2，绝缘铜线截面不得小于 10mm^2。施工现场导线与地面直接距离应大于 4m；导线与建筑物或脚手架的距离应大于 4m。

（20）照明采用电压等级应符合下列要求。

1）一般场所为 220V。

2）在潮湿和易触及带电体场所不大于 24V。

3）在特别潮湿的场所、导电良好的地面、锅炉或金属容器内不大于 12V。

4）隧道、人防工程、有高温、导电灰尘或灯具离地面高度低于 2.4m 等场所不大于 36V。

（21）使用移动发电机供电的用电设备，其金属外壳或底座，应与发电机电源的接地装置有可靠的电气连接。

（22）照明变压器必须使用双绕组型，严禁使用自耦变压器。

（23）电压 400V/230V 的自备发电机组电源应与外电线路电源连锁，严禁并列运行供电。发电机组应设置短路保护和过荷载保护。

4. 钣金和管工机械安全操作

（1）法兰卷圆机操作安全要求。

1）应先空载运转，确认正常后方可作业。

2）当加工法兰直径超过 1000mm 时，应采取适当的安全措施。

3）当轧制的法兰不能进入第二道型辊时，应使用专用工具送入。严禁用手直接推送。

4）加工型钢规格不应超过机具的允许范围。

5）任何人不得靠近法兰尾端。

（2）咬口机操作安全要求。

1）工件长度、宽度不得超过机具允许范围。

2）应先空载运转，确认正常后方可作业。

3）作业中，当有异物进入辊轮中时，应及时停机修理。

4）严禁用手触摸转动中的辊轮。用手送料到末端时，手指必须离开工件。

（3）套丝切管机操作安全要求。

1）切断作业时，不得在旋转手柄上加长力臂；切平管端时，不得进刀过快。

2）应按加工管径选用板牙头和板牙，板牙应按顺序放入，作业时应采用润滑油润滑板牙。

3）当加工件的管径或椭圆度较大时，应两次进刀。

4）套丝切管机应安放在稳固的基础上。

5）当工件伸出卡盘端面的长度过长时，后部应加装辅助托架，并调整好高度。

6）应先空载运转，进行检查、调整，确认运转正常，方可作业。

7）作业中应使用刷子清除切屑，不得敲打振落。

（4）圆盘下料机操作安全要求。

1）当作业开始需对上、下刀刃时，应先手动盘车，将上、下刀刃的间隙调整到板厚的1.2倍，再开机试切。应经多次调整到被切的圆形板无毛刺时，方可批量下料。

2）下料机应安装在稳固的基础上。

3）圆盘下料机下料的直径、厚度等不得超过机械出厂铭牌规定，下料前应先将整板切割成方块料，在机旁堆放整齐。

4）作业前，应检查并确认各传动部件连接牢固、可靠，先空运转，确认正常后，方可开始作业。

5）作业后，应对下料机进行清洁保养工作并应清除边角料，保持现场整洁。

（5）弯管机操作安全要求。

1）应按加工管径选用管模，并应按顺序放好。

2）不得在管子和管模之间加油。

3）作业前，应先空载运转，确认正常后，再套模弯管。

4）作业场所应设置围栏。

5）应夹紧机件，导板支承机构应按弯管的方向及时进行换向。

（6）仿形切割机操作安全要求。

1）作业中，四周不得有易燃、易爆物品堆放。

2）作业前，应先通电后空运转，检查氧、乙炔等配合和加装的仿形样板无误后，方可做试切工作。

3）应按出厂使用说明书要求接好电控箱到切割机的电缆线，并应做好保护接地。

4）作业后，应清除设备污物，整理氧气带、乙炔气带及通电电缆线，分别盘好并架起保管。

（7）折板机操作安全要求。

1）作业前，应检查电气设备、液压装置及各紧固件，确认完好后，方可开机。

2）折板机应安装在稳固的基础上。

3）作业中，应经常检查上模具的紧固件和液压缸。当发现有松动或泄漏等情况，应立即停机，处理后方可继续作业。

4）作业时，应先校对模具，预留被折板厚的1.5～2倍间隙，经试折后，检查机械和模具装备均无误，再调整到折板规定的间隙，方可正式作业。

5）批量生产时，应使用后标尺挡板进行对准和调整尺寸，并应空载运转，检查及确认其摆动灵活、可靠。

（8）坡口机操作安全要求。

1）当管子过长时，应加装辅助托架。

2）刀排、刀具应稳定牢固。

3）应先空载运转，确认正常后方可作业。

4）作业中，不得俯身近视工件。严禁用手摸坡口及擦拭铁屑。

八、施工照明安全

1. 基本要求

（1）无自然采光的地下大空间施工场所，应编制单项照明用电方案。

（2）照明器的选择必须按下列环境条件确定。

1）有酸、碱等强腐蚀介质场所，选用耐酸、碱型照明器。

2）含有大量尘埃但无爆炸和火灾危险的场所，选用防尘型照明器。

3）正常湿度一般场所，选用开启式照明器。

4）潮湿或特别潮湿场所，选用密闭型防水照明器或配有防水灯头的开启式照明器。

5）存在较强振动的场所，选用防振型照明器。

6）有爆炸和火灾危险的场所，按危险场所等级选用防爆型照明器。

（3）照明器具和器材的质量应符合国家现行有关强制性标准的规定，不得使用绝缘老化或破损的器具和器材。

（4）现场照明应采用高光效、长寿命的照明光源。对需大面积照明的场所，应采用高压汞灯、高压钠灯或混光用的卤钨灯等。

（5）在坑、洞、井内作业、夜间施工或厂房、道路、仓库、办公室、食堂、宿舍、料具堆放场及自然采光差等场所，应设一般照明、局部照明或混合照明；在一个工作场所内，不得只设局部照明；停电后，操作人员需及时撤离的施工现场，必须装设自备电源的应急照明。

2. 照明供电

（1）室内、室外照明线路的敷设应符合国家标准相关要求。

（2）使用行灯应符合下列要求：

1）灯体与手柄应坚固、绝缘良好并耐热耐潮湿；

2）灯泡外部有金属保护网；

3）灯头与灯体结合牢固，灯头无开关；

4）电源电压不大于36V；

5）金属网、反光罩、悬吊挂钩固定在灯具的绝缘部位上。

（3）工作零线截面应按下列规定选择。

1）三相四线制线路中，当照明器为白炽灯时，零线截面不小于相线截面的50%；当照明器为气体放电灯时，零线截面按最大负载相的电流选择。

2）在逐相切断的三相照明电路中，零线截面与最大负载相线截面相同。

3）单相二线及二相二线线路中，零线截面与相线截面相同。

（4）携带式变压器的一次侧电源线应采用橡皮护套或塑料护套铜芯软电缆，中间不得有接头，长度不宜超过3m，其中绿/黄双色线只可作为PE线使用，电源插销应有保护触头。

（5）远离电源的小面积工作场地、道路照明、警卫照明或额定电压为12～36V照明的场所，其电压允许偏移值为额定电压值的－10%～5%；其余场所电压允许偏移值为额定电压值的±5%。

（6）照明系统宜使三相负荷平衡，其中每一单相回路上，灯具和插座数量不宜超过25个，负荷电流不宜超过15A。

（7）下列特殊场所应使用安全特低电压照明器。

1）特别潮湿场所、导电良好的地面、锅炉或金属容器内的照明，电源电压不得大于12V。

2）潮湿和易触及带电体场所的照明，电源电压不得大于24V。

3）隧道、人防工程、高温、有导电灰尘、比较潮湿或灯具离地面高度低于2.5m等场所的照明，电源电压不应大于36V。

（8）照明变压器必须使用双绕组型安全隔离变压器，严禁使用自耦变压器。

（9）一般场所宜选用额定电压为220V的照明器。

3. 照明装置

（1）暂设工程的照明灯具宜采用拉线开关控制，开关安装位置宜符合下列要求。

1）其他开关距地面高度为1.3m，与出入口的水平距离为0.15～0.2m。

2）拉线开关距地面高度为2～3m，与出入口的水平距离为0.15～0.2m，拉线的出口向下。

（2）螺口灯头及其接线应符合下列要求。

1）相线接在与中心触头相连的一端，零线接在与螺纹口相连的一端。

2）灯头的绝缘外壳无损伤、无漏电。

（3）室外 220V 灯具距地面不得低于 3m，室内 220V 灯具距地面不得低于 2.5m。

普通灯具与易燃物距离不宜小于 300mm；聚光灯、碘钨灯等高热灯具与易燃物距离不宜小于 500mm，而且不得直接照射易燃物。达不到规定安全距离时，应采取隔热措施。

（4）碘钨灯及钠、铊、铟等金属卤化物灯具的安装高度宜在 3m 以上，灯线应固定在接线柱上，不得靠近灯具表面。

（5）投光灯的底座应安装牢固，应按需要的光轴方向将枢轴拧紧固定。

（6）对夜间影响飞机或车辆通行的在建工程及机械设备，必须设置醒目的红色信号灯，其电源应设在施工现场总电源开关的前侧，并应设置外电线路停止供电时的应急自备电源。

（7）荧光灯管应采用管座固定或用吊链悬挂。荧光灯的镇流器不得安装在易燃的结构物上。

（8）灯具内的接线必须牢固，灯具外的接线必须做可靠的防水绝缘包扎。

（9）路灯的每个灯具应单独装设熔断器保护。灯头线应做防水弯。

（10）灯具的相线必须经开关控制，不得将相线直接引入灯具。

（11）照明灯具的金属外壳必须与 PE 线相连接，照明开关箱内必须装设隔离开关、短路与过载保护电器和漏电保护器。

第八章

现场施工安全检查与验收、评价

一、施工现场安全检查

1. 安全检查的主要依据

(1) 国家、地方政府的安全法律、法规及要求。

(2) 上级和政府部门的检查和监督指令。

(3) 公司安全管理规范、标准、制度等。

(4) 施工作业的安全技术方案、安全交底等。

2. 安全检查的主要要求

(1) 安全检查必须贯彻领导和群众相结合、自查与互查相结合、检查与整改相结合的原则。

(2) 对关键部位、重要环节，项目部安全组要落实专人加强监控，每月至少进行一次专项重点检查。

(3) 工程项目工地安全检查每周组织一次以上；班组安全检查每日进行。日常施工生产过程中，由各级安全监督员负责实施日常检查和监督。

(4) 安全管理部门会同有关部门或有关部门会同安全管理部门，根据上级和地方政府要求，以及施工生产的需求和季节的变化，进行专业性的安全检查和不定期的安全检查。

(5) 在安全检查中发现不安全因素，必须做到"三定"（定整改措施、定整改责任人、定整改期限）并由各级安全管理人员列出明细，逐个消号。需公司和其他单位帮助的，可上报公司安全部门，协助解决。

(6) 对查出构成事故隐患的问题，必须严格执行《事故隐患整改制度》。

(7) 安全检查应与安全教育、隐患整改、违章处罚等环节相辅相成，形成有教育、有检查、有整改、有处罚的模式。

3. 安全检查的重要作用

安全检查的目的是为了预知危险，发现隐患，以便提前采取有效措施，消除危险。这也是为了对施工现场的安全状况和业绩进行日常的例行检查，掌握施工现场安全生产活动和结果的信息，是保证安全管理目标实现的重要手段。其重要作用主要体现在以下几个方面。

（1）通过检查，发现生产工作中人的不安全行为和物的不安全状态，以及管理缺陷的问题，从而采取对策，消除不安全因素，保障安全生产。

（2）通过检查，预知危险、清除危险，把伤亡事故频率和经济损失率降低到社会容许的范围内，从而达到国际同行业先进水平。

（3）增强领导和群众的安全意识，纠正违章指挥、违章作业，提高搞好安全生产的自觉性和责任感。

（4）通过安全检查可以互相学习、总结经验、吸取教训、取长补短，有利于进一步促进安全生产工作。

（5）利用检查，进一步宣传、贯彻、落实安全生产方针、政策和各项安全生产规章制度。

（6）掌握安全生产动态，分析安全生产形势，为研究加强安全管理提供信息依据。

（7）通过安全检查对施工生产中存在的不安全因素进行预测、预报和预防。

4. 安全检查的主要内容

安全检查的内容主要是查思想、查制度、查隐患、查措施、查机械设备、查安全设施、查安全教育培训、查操作行为、查劳保用品使用、查伤亡事故处理等，主要对人的不安全意识和行为、物的不安全状态进行分析，发现不符合规定和存在隐患的设施、设备，制定有针对性的措施进行纠正处置，并跟踪复查。

安全检查，主要体现在安全检查落实情况；项目安全目标的实现程序；遵守适用法律法规、规范标准和其他要求的情况；生产活动是否符合施工现场安全生产保证体系文件的规定；重点部位和重大环境因素监控、措施、方案、人员、记录的落实情况等方面。

不同类型和层次的安全检查监督应有其各自的内容和重点，按监督检查计划具体执行，一般情况下安全检查包括以下内容。

（1）专业性安全检查。项目部所在的公司每季应对临时用电、脚手架、危险物品、消防设施、起重机具、机运车辆、防尘防毒等分别进行专业性安全检查。

（2）公司级安全检查的内容如下。

1）安全教育、培训情况。

2）安全管理体系运行情况。

3）岗位安全职责履行情况。

4）是否达到标化工地要求。

5）消防管理是否落实到位。

6）安全计划、措施的制定和实施情况。

7）各类机具设备、设施和安全防护设施是否完好无损。

8）施工生产现场直接作业环节安全规章制度的执行情况。

9）各类安全见证资料的记录情况，台账管理情况。

10）项目部安全日活动和安全讲话是否认真进行，并有记录。

11）节假日前、后和节假日加班施工期间，是否开展检查和落实人员管理。

12）各类事故是否按"四不放过"的原则进行处理，是否有隐瞒不报情况。

13）施工现场、生活基地的环境和秩序是否存有不安全因素和事故隐患，以及整改情况。

14）根据季节变化，防雷、防暑降温、防火、防台、防汛、防冻保温、防滑等措施的落实情况。

（3）工程项目安全检查的内容如下。

1）消防设施是否完好无损。

2）是否达到文明施工要求。

3）各岗位、各部门的安全责任制是否落实。

4）检查班组是否进行自检、互检和交接检。

5）工程项目安全保证体系是否建立、运转。

6）各类机具、设施和安全防护设施是否完好无缺。

7）检查班组和有关人员是否切实落实安全技术措施。

8）本周是否有违章违纪、未遂事故、事故的发生，以及处理情况。

9）针对影响安全施工的季节性自然因素，所采取的防范的措施。

10）检查工程项目施工作业环境和秩序是否存有不安全因素，以及不安全因素的整改情况。

11）安全日活动和安全讲话是否如期进行，是否有针对性、有记录；管理人员参加班组安全活动有否评语及签到。

（4）班组安全检查的内容如下。

1）工具、设备是否完好无损。

2）安全技术措施是否落实到施工作业中。

3）施工作业环境是否整洁、安全，使用是否规范。

4）劳动保护用品配备是否齐全，使用是否规范。

5．安全检查的主要形式

安全检查的形式有多种，从检查组织上分为国家与各级政府组织的检查及部、委组织的行业检查和企业组织的自行检查；从具体进行的方式上，分为定期检查、专业检查、达标检查、季节检查、经常性检查和验收检查等。工程项目部常见的安全检查形式如下。

（1）由安全管理小组成员、安全专兼职人员和安全值日人员进行日常的安全检查。

（2）由安全管理小组、职能部门人员、专职安全员和专业技术人员组成，对电气、机械设备、脚手架、登高设施等专项设施设备、高处作业、用电安全、消防保卫等进行专项安全检查。

（3）对塔机等起重设备、井架、龙门架、脚手架、电气设备、吊篮、现浇混凝土模板及支撑等设施设备，在安装搭设完成后进行安全验收、检查。

（4）季节更换前由安全生产管理小组和安全专职人员、安全值日人员等组织季节劳动保护安全检查。

（5）工地（项目）每周或每旬由主要负责人带队组织定期的安全大检查。

（6）生产施工班组每天上班前由班组长和安全值日人员组织班前安全检查。

6．安全检查的组织与管理

（1）班组。班组各岗位的安全检查及日常管理，应由各班组长按照作业分工组织实施。

（2）专职安全员。在施工生产过程中的专职安全管理人员负责进行经常性的安全检查及日常管理。

（3）项目部。项目部负责按月或按季节、节假日组织的安全检查，由项目部安全管理部门协助项目经理组织成立检查组，对本项目工程的安全管理情况进行检查。

（4）公司。公司负责按月或按季节、节假日组织的安全检查，由公司各部门（处、科）协助公司安全主管经理组织成立检查组，对公司安全管理情况进行检查。

7．安全检查的基本程序

（1）安全检查范围和内容的确定。公司安全检查的范围和内容，应根据施工生产的实际情况和安全管理的具体需求确定：公司的检查范围和内容，应由公司各部门或科室提出建议，安全主管经理审批确定；各项目分公司的检查范围和内容，由本项目安全管理部门提出建议，主管经理审批确定。

（2）安全检查的实施。

1）召开首次会议，由检查组组长介绍检查的目的、范围和时间安排，确定检查的方法、程序和陪检人员。

2）按照检查计划规定，并经受检单位确认的检查范围、内容和时间安排，进行现场安全管理情况和安全内部管理资料的检查，及时记录安全检查的结果。

3）在现场检查的基础上，对检查收集到的客观依据、材料汇总核实后，进行分析评价，确定整改项目，签发隐患整改通知单，并经受检单位有关人员签字确认。

4）召开末次会议，由检查组组长介绍检查情况，宣布检查结论，确定隐患整改时间、整改人和复查时间。

（3）安全检查结果通报。公司级安全检查由公司安全检查组长指定专人草拟检查情况通报，报主管领导签准后下发、上报。项目级安全检查，由项目专职安全员草拟检查情况通报，经项目经理签准后下发分包队或作业班组。

8. 工程项目安全检查的实施

在建筑工程施工项目生产过程中，为了及时发现安全事故隐患，排除施工中的不安全因素，纠正违章作业，监督安全技术措施的执行，堵塞漏洞，防患于未然，必须对安全生产中易发生事故的主要环节、部位、工艺完成情况等，由专门专业安全生产管理机构进行全过程的动态监督检查，以不断改善劳动条件，防止工伤事故、设备事故的发生。安全检查的要求主要有以下几点。

（1）在进行每种安全检查前，都应有明确的检查项目和检查目的、内容及检查标准、重点环节、关键部位。对于具有相同内容的大面积或数量多的项目，可采取系统的观感和一定数量的测点相结合的检查方法。要求采用检测工具进行检查，用数据说话。不仅要对现场管理及操作人员是否有违章指挥和违章作业行为进行检查，而且还应进行"应知应会"的抽查，以便彻底地了解管理人员及操作人员的安全素质。

（2）及时发现问题、解决问题，对检查出来的安全隐患及时进行处理。

（3）检查人员可以当场指出施工过程中发生的违章指挥、违章作业行为，责令其就地解决、立即改正。

（4）要认真、全面地进行系统、定性、定量分析，进行详细的安全评价，以便于受检单位根据安全评价研究对策，进行整改和加强管理。

（5）必须登记在安全检查过程中发现的安全隐患，作为整改的备查依据，提供安全动态分析，根据隐患记录和安全动态分析，指导安全管理的决策。

（6）针对安全检查中发现的安全隐患，应发出整改通知书，引起整改单位重视。一旦发现有即发性事故危险的隐患，检查人员应责令其立即停工整改。

（7）针对整改部位整改完成后要及时通知有关部门，派专人进行复查，经复查整改合格后，方可进行销案。整改工作应包括隐患登记、整改、复查、销案。

（8）要认真、详细地填写检查记录，特别要具体地记录安全隐患，如隐患的部位、危险性程度及处理意见等。采用安全检查评分表的，应记录每项扣分的原因。

（9）被检查单位领导应高度重视安全隐患问题，对被查出的安全隐患，应立即组织制订整改方案，按照"三定"（即定整改人、定整改期限、定整改措施），把整改工作落到实处。

（10）针对大范围、全面性的安全检查，应明确检查内容、检查标准及检查要求，并根据检查要求配备力量，要明确检查负责人，抽调专业人员参加检查并进行明确分工。

9. 安全设施、设备检查验收要点

（1）凡特种作业人员必须经有关部门培训考核合格，审定发证并持证上岗。

（2）中小型机械使用前，由机管员、安全员和施工员负责检查，填写书面验收记录，合格挂牌后方可使用。

（3）临时用电设施、装置，通电前必须由电气负责人、安全员验收合格后，方可通电使用，并做好验收记录。

（4）大型机械设备，必须持有建设行政主管部门核发的有效许可证，严禁无证单位承接任务，安装完毕须经公司安全部门、动力设备部门、施工现场的安全员、机管员、电气负责人共同组织验收。由公司安全部门签发验收记录，并经机械检测中心检测合格后方能使用。

（5）施工现场所有的临边、洞口、通道等安全防护设施搭设前，必须按专项技术方案由技术员、施工员对架子工进行安全技术交底。搭设完毕后，由技术员、施工员和安全员共同参与验收，不合格的安全设施必须整改，符合要求后方可投放使用，每次验收都须做好验收记录。

（6）井架搭设前，由施工员、技术员按专项施工技术方案进行井架搭设安全技术交底，接受人领会安全交底内容并签字确认后，方可搭设。井架搭设完毕后，经企业与项目部安全员、项目技术负责人共同参加验收，做好验收记录，挂上验收合格牌后，方可使用。

10.安全检查记录

（1）省、自治区、直辖市建设厅（建委）、总公司（集团）和企业（分公司）的三级定期建筑施工安全检查执行国家现行《建筑施工安全检查标准》JGJ 59—2011。

（2）分公司、工程处、施工队、项目管理单位的安全生产检查可参照《建筑施工安全检查标准》（JGJ 59—2011）的内容执行。

（3）各类经常性安全检查及季节、节假日安全检查记录，可在相应的"工作日志"上记载。

（4）脚手架和井架（龙门架）的搭设、大型机械设备安装、施工用电线路架设等专检、自检及交接验收检查记录使用专用表格。

二、现场施工安全验收

1.验收原则

必须坚持"验收合格才能使用"的原则。

2.验收的范围

（1）各类脚手架、井字架、龙门架、堆料架。

（2）临时设施及沟槽支撑与支护。

（3）支搭好的水平安全网和立网。

（4）临时电气工程设施。

（5）各种起重机械、路基轨道、施工电梯及其他中小型机械设备。

（6）安全帽、安全带和护目镜、绝缘手套、绝缘鞋等个人防护用品。

3.验收程序

（1）脚手架杆件、扣件、安全网、安全帽、安全带以及其他个人防护用品，必须有出厂证明或验收合格的单据，由技术负责人、工长、安全员、材料保管人员共同审验。

（2）各类脚手架、堆料架，井字架、龙门架和支搭的安全网、立网由项目经理或技术负责人申报支搭方案并牵头，会同工程部和安全主管部门进行检查验收。

（3）临时电气工程设施，由安全主管部门牵头，会同电气工程师、项目经理、方案制订人、工长、安全员进行检查验收。

（4）起重机械、施工用电梯由安装单位和使用工地的负责人牵头，会同有关部门检查验收。

（5）路基轨道由工地申报铺设方案，工程部和安全主管部门共同验收。

（6）工地使用的中小型机械设备，由工地技术负责人和工长牵头，会同工程部进行检查验收。

（7）所有验收必须办理书面验收手续，否则无效。

4. 隐患控制与处理

（1）项目经理部应对存在隐患的安全设施、过程和行为进行控制，组装完毕后应进行检查验收，确保不合格设施不使用、不合格物资不放行、不合格过程不通过。

（2）检查中发现的隐患应进行登记，不仅作为整改的备查依据，而且是提供安全动态分析的重要信息渠道。如多数单位安全检查都发现同类型隐患，说明是"通病"；若某单位在安全检查中重复出现隐患，说明整改不彻底，形成"顽症"。根据检查隐患记录分析，制定指导安全管理的预防措施。

（3）安全检查中查出的隐患，还应发出隐患整改通知单。对凡存在即发性事故危险的隐患，检查人员应责令停工，被查单位必须立即进行整改。

（4）对于违章指挥、违章作业行为，检查人员可以当场指出，立即纠正。

（5）被检查单位领导对查出的隐患，应立即研究制订整改方案，组织实施整改。按照"五定"，即定整改责任人、定整改措施、定整改完成时间、定整改完成人、定整改验收人，限期完成整改，并报上级检查部门备案。

（6）事故隐患的处理方式。

1）停止使用、封存。

2）指定专人进行整改以达到规定要求。

3）进行返工，以达到规定要求。

4）对有不安全行为的人员进行教育或处罚。

5）对不安全生产的过程重新组织。

（7）整改完成后，项目经理部安监部门必要时对存在隐患的安全设施、安全防护用品整改效果进行验证，再及时通知企业主管部门等有关部门派员进行复查验证，经复查整改合格后，即可销案。

三、施工安全检查评价标准

1. 检查分类

（1）对建筑施工中易发生伤亡事故的主要环节、部位和工艺等的完成情况做安全检查评价时，应采用检查评分表的形式，分为安全管理、文明工地、脚手架、基坑工程与模板支架、高处作业、施工用电、物料提升机与施工升降机、塔式起重机、起重吊装、施工机具共 10 项分项检查评分表和一张检查评分汇总表。

（2）在安全管理、文明施工、脚手架、高处作业、基坑工程与模板支架、施工用电、物料提升机与施工升降机、塔式起重机、起重吊装 9 类 18 张检查评分表中，设立了保证项目和一般项目，保证项目应是安全检查的重点和关键。

2. 检查评分方法

（1）建筑施工安全检查评定中，保证项目应全数检查。

（2）各评分表的评分应符合下列规定。

1）分项检查评分表和检查评分汇总表的满分分值均应为 100 分，评分表的实得分值应为各检查项目所得分值之和。

2）评分应采用扣减分值的方法，扣减分值总和不得超过该检查项目的应得分值。

3）当按分项检查评分表评分时，保证项目中有一项未得分或保证项目小计得分不足 40 分，此分项检查评分表不应得分。

4）检查评分汇总表中各分项项目实得分值应按下式计算：

$$A_1 = \frac{B \times C}{100}$$

式中　A_1——汇总表各分项项目实得分值；

　　　　B——汇总表中该项应得满分值；

　　　　C——该项检查评分表实得分值。

5）当评分遇有缺项时，分项检查评分表或检查评分汇总表的总得分值应按下式计算：

$$A_2 = \frac{D}{E} \times 100$$

式中　A_2——遇有缺项时总得分值；

　　　　D——实查项目在该表的实得分值之和；

E——实查项目在该表的应得满分值之和。

　　6）脚手架、物料提升机与施工升降机、塔式起重机与起重吊装项目的实得分值，应为所对应专业的分项检查评分表实得分值的算术平均值。

　　3. 检查评定等级

　　(1) 应按汇总表的总得分和分项检查评分表的得分，对建筑施工安全检查评定划分为优良、合格、不合格三个等级。

　　(2) 建筑施工安全检查评定的等级划分应符合下列规定。

　　1）优良：分项检查评分表无零分，汇总表得分值应在 80 分及以上。

　　2）合格：分项检查评分表无零分，汇总表得分值应在 80 分以下，70 分及以上。

　　3）不合格：

　　①当汇总表得分值不足 70 分时；

　　②当有一分项检查评分表得零分时。

　　(3) 当建筑施工安全检查评定的等级为不合格时，必须限期整改达到合格。

　　4. 检查评分表计分内容简介

　　(1) 汇总表内容。

　　“建筑施工安全检查评分汇总表”是对各项检查结果的汇总，主要包括安全管理、文明施工、脚手架、基坑工程与模板支架、高处作业、施工用电、物料提升与施工升降机、塔式起重机、起重吊装、施工机具 10 项内容，利用该表所得分作为对施工现场安全生产情况，进行安全评价的依据。

　　1）安全管理主要是对施工安全管理中的日常工作进行考核。在事故分析中，事故大多不是因技术问题解决不了造成的，而是因违章所致。所以，应做好日常的安全管理工作并保存记录，为检查人员提供对该工程安全管理工作的确认资料。

　　2）文明施工是根据现行国家标准《建设工程施工现场消防安全技术规范》（GB 50720—2011）和《建设工程施工现场环境与卫生标准》（JGJ 146—2013）的规范要求，施工现场不但应做到遵章守纪、安全生产，同时还应做到文明施工、整齐有序，变过去施工现场"脏、乱、差"为施工企业文明的"窗口"。

　　3）脚手架。

　　①落地式脚手架包括从地面搭起的各种高度的钢管扣件式脚手架、碗扣式脚手架。

　　②悬挑式脚手架包括从地面、楼板或墙体上用立杆斜挑的脚手架，以及提供

一个层高的使用高度的外挑式脚手架和高层建筑施工分段搭设的多层悬挑式脚手架。

③门型脚手架是指定型的门型框架为基本构件的脚手架，由门型框架、水平梁、交叉支撑组合成基本单元，这些基本单元相互连接、逐层叠高、左右伸展，构成整体门型脚手架。

④挂脚手架是指悬挂在建筑结构预埋件上的钢架，并在两片钢架之间铺设脚手板，提供作业的脚手架。

⑤吊篮脚手架是指将预制组装的吊篮悬挂在挑梁上，挑梁与建筑结构固定，吊篮通过手（电）动葫芦钢丝绳带动，进行升降作业。

⑥附着式升降脚手架是指将脚手架附着在建筑结构上，并利用自身设备使架体升降，可以分段提升或整体提升，也称整体提升脚手架或爬架。

4）基坑工程与模板支架。近年来，施工伤亡事故中坍塌事故比例增大，其中因开挖基坑时未按地质情况设置安全边坡和做好固壁支撑，拆模时楼板混凝土未达到设计强度、模板支撑未经设计验算造成的坍塌事故较多。

5）高处作业。在施工过程中，必须针对易发生事故的部位，采取可靠的防护措施或补充措施，同时按不同作业条件佩戴和使用个人防护用品。

6）施工用电。是针对施工现场在工程建设过程中的临时用电而制定的，主要强调必须按照临时用电施工组织设计施工，有明确的保护系统，符合三级配电两级保护要求，做到"一机、一闸、一漏、一箱"，线路架设符合规定。

7）物料提升机与施工升降机。施工现场使用的物料提升机和人货两用电梯是垂直运输的主要设备。由于物料提升机目前尚未定型，多由企业自己设计制作使用，存在着设计制作不符合规范规定的现象、使用管理随意性较大的情况；人货两用电梯虽然是由厂家生产，但也存在组装、使用及管理上不合规范的隐患，所以必须按照规范及有关规定，对这两种设备进行认真检查，严格管理，防止发生事故。

8）塔式起重机。塔式起重机因其高度、高幅度大的特点大量用于建筑工程施工，可以同时解决垂直及水平运输，但由于其作业环境、条件复杂多变，在组装、拆除及使用中存在一定的危险性，使用、管理不善易发生倒塔事故而造成人员伤亡。所以，要求组装、拆除工作必须由具有资格的专业队伍承担，使用前进行试运转检查，使用中严格按规定要求进行作业。

9）起重吊装是指建筑工程中的结构吊装和设备安装工程。起重吊装是专业性强且危险性较大的工作，所以要求必须制订专项施工方案，进行试吊，由专业队伍和经验收合格的起重设备承担。

10）施工机具种类较多，施工现场除使用大型机械设备外，也大量使用中小型机械和机具，这些机具虽然体积较小，但仍有其危险性，而且因量多面广，有必要进行规范，否则造成事故也相当严重。

（2）分项检查表结构。

分项检查表的结构形式分为两类，一类是自成整体的系统，如脚手架、施工用电等检查表，列出的各检查项目之间有内在的联系，按其结构重要程度的大小，对其系统的安全检查情况起到制约的作用。在这类检查评分表中，把影响安全的关键项目列为保证项目，其他项目列为一般项目；另一类是各检查项目之间无相互联系的逻辑关系，因此没有列出保证项目，如施工机具检查表。

凡在检查表中列在保证项目中的各项，对系统的安全与否起着关键作用，为了突出这些项目的作用，而制定了保证项目的评分原则：遇有保证项目中有一项不得分或保证项目小计得分不足 40 分时，此检查评分不得分。

1）"安全管理检查评分表"是对施工单位安全管理工作的评价。检查的项目应包括：安全生产责任制、施工组织设计及专项施工方案、安全技术交底、安全检查、安全教育、应急救援。一般项目应包括：分包单位安全管理、持证上岗、生产安全事故处理、安全标志。通过调查分析，发现 89％的事故都不是因技术解决不了造成的，而是由于管理不善，没有安全技术措施、缺乏安全技术知识、不做安全技术交底、安全生产责任不落实、违章指挥、违章作业等造成的。因此，把管理工作中的关键部分列为"保证项目"，保证项目能够做好，整体的安全工作也就有了一定的保证。

2）"文明施工检查评分表"是对施工现场文明施工的评价。检查的项目包括：现场围挡、封闭管理、施工场地、材料管理、现场办公与住宿、现场防火。一般项目应包括：综合治理、公示标牌、生活设施、社区服务。

3）"脚手架检查评分表"包括扣件式钢管脚手架、碗扣式钢管脚手架、悬挑式脚手架、门式钢管脚手架、承插型盘扣式钢管脚手架、高处作业吊篮、附着式升降脚手架、满堂脚手架共 8 项内容。近年来，从脚手架上坠落的事故已占高处坠落事故的 50％以上，脚手架上的事故如能得到控制，则高处坠落事故可以大量减少。按照安全系统工程学的原理，将近年来发生的事故用事故树的方法进行分析，问题主要出现在脚手架倒塌和脚手架上缺少防护措施上。从两方面考虑，找到引起倒塌和缺少防护的基本原因，由此确定了检查项目，按每分项在总体结构中的重要程度及因为它的缺陷而引起伤亡事故的频率，确定了它的分值。

4）"基坑工程安全检查评价表"是对施工现场基坑支护工程的安全评价。基坑工程检查评定保证项目应包括：施工方案、基坑支护、降排水、基坑开挖、坑边荷载、安全防护。一般项目应包括：基坑监测、支撑拆除、作业环境、应急预案。

5）"模板支架安全检查评分表"是对施工过程中模板工作的安全评价。模板支架检查评定保证项目包括：施工方案、支架基础、支架构造、支架稳定、施工荷载、交底与验收。一般项目包括：杆件连接、底座与托撑、构配件材质、支架拆除。

6）高处作业检查评定项目应包括：安全帽、安全网、安全带、临边防护、洞口防护、通道口防护、攀登作业、悬空作业、移动式操作平台、悬挑式物料钢平台。

7）"施工用电检查评分表"是对施工现场临时用电情况的评价。检查的保护项目包括：外电防护、接地与接零保护系统、配电线路、变配箱和开关箱，一般项目应包括配电室与配电装置、现场照明、用电档案。临时用电也是一个独立的子系统，各部位有相互联系和制约的关系。但从事故的分析来看，发生伤亡事故的原因不完全是相互制约的，而是哪里有隐患哪里就存在着发生事故的危险，根据发生伤亡事故的原因分析定出了检查项目。其中，由于施工碰触高压线造成的伤亡事故占30%；供电线在工地随意拖拉、破皮漏电造成的触电事故占16%；现场照明不使用安全电压造成的触电事故占15%。如能消除这三类事故隐患，触电事故则可大幅度下降。因此，将这三项内容作为检查的重点并列为保证项目。在临时用电系统中，保护零线和重复接地是保障安全的关键环节，但在事故的分析中往往容易被忽略，为了强调其重要性，也将它列为保证项目。检查项目中的扣分标准是根据施工现场的通病及其危害程度、发生事故的概率确定的。

8）"物料提升机检查评分表"是对物料提升机的设计制作、搭设和使用情况的评价。物料提升机检查评定保证项目应包括：安全装置、防护设施、附墙架与缆风绳、钢丝绳、安拆、验收与使用。一般项目应包括：基础与导轨架、动力与传动、通信装置、卷扬机操作棚、避雷装置。龙门架、井字架是近年建筑施工中主要的垂直运输工具，也是事故发生的主要部位。每年发生的一次死亡3人以上的重大伤亡事故中，属于龙门架与井字架上的就占50%，其主要是由于缆风绳选择不当和缺少限位保险装置所致。因此，检查表中把这些项目都列为保证项目，扣分标准是按事故直接原因、现场存在的通病及其危害程度确定的。在龙门架与井字架的安装和拆除过程中极易发生倒塌事故，这个过程在检查表中没有列出，可由各地自选补充。但应注意的是，龙门架与井字架所使用的缆风绳一定要使用钢丝绳，任何情况下都不能用麻绳、棕绳、再生绳、8 号钢丝及钢盘所代替。

9）"施工升降机检查评分表"是对施工现场外用电梯的安全状况及使用管理的评价。施工升降机检查评定保证项目应包括：安全装置、限位装置、防护设施、附墙架、钢丝绳、滑轮与对重、安拆、验收与使用。一般项目应包括：导轨架、基础、电气安全、通信装置。

10）"塔式起重机检查评分表"是塔式起重机使用情况的评价。塔式起重机检查评定保证项目应包括：载荷限制装置、行程限位装置、保护装置、吊钩、滑轮、卷筒与钢丝绳、多塔作业、安拆、验收与使用。一般项目应包括：附着、基础与轨道、结构设施、电气安全。由于高层和超高层建筑的增多，塔式起重机的使用也逐渐普遍。在运行中因力矩、超高、变幅、行走、超载等限位装置不足、失灵、不配套、不完善等造成的倒塔事故时有发生，因此将这些项目列为保证项目，并且增大了力矩限位器的分值，以促使各单位在使用塔式起重机时保证其齐全、有效，以控制由于超载开车造成的倒塔事故。塔式起重机在安装和拆除中也曾发生过多起倾翻事故，检查表中也将其列出。

11）"起重吊装安全检查评分表"是对施工现场起重吊装作业和起重吊装机械的安全评价。起重吊装检查评定保证项目应包括：施工方案、起重机械、钢丝绳与地锚、索具、作业环境、作业人员。一般项目应包括：起重吊装、高处作业、构件码放、警戒监护。

12）"施工机具检查评分表"是对施工中使用的平刨、圆盘锯、手持电动工具、钢筋机械、电焊机、搅拌机、气瓶、翻斗车、潜水泵、振捣器、桩工机械等施工机具安全状况的评价。

第九章

施工安全管理资料的分类与编制

一、施工安全资料的管理职责

1. 建设单位管理职责

（1）建设单位应向施工单位提供施工现场及毗邻区域内的供水、排水、供电、供气、供热、通信、广播电视等地上、地下管线资料，气象和水文观测资料，毗邻建筑物和构筑物、地下工程的有关资料。

（2）在申请领取施工许可证时，负责提供建设工程有关安全施工措施的资料。

（3）建设单位应将施工现场安全资料的形成和积累纳入工程建设管理的各个环节，逐级建立健全工程施工现场安全资料岗位责任制，对施工现场安全资料的真实性、完整性和有效性负责。

（4）建设单位施工现场安全资料应随工程进度同步收集、整理，并保存到工程竣工。

（5）建设单位主管施工现场安全工作的负责人应负责本单位施工现场安全资料的全过程管理工作。施工过程中施工现场安全资料的收集和整理工作应有专人负责。

（6）监督、检查各参建单位工程施工现场安全资料的建立和积累。

（7）在编制工程概算时，应确定建设工程安全作业环境及文明安全施工措施所需的费用，并负责统计费用支付的情况。

2. 监理单位管理职责

（1）监理单位应将施工现场安全资料的形成和积累纳入工程建设管理的各个环节，逐级建立健全工程施工现场安全资料岗位责任制，对施工现场安全资料的真实性、完整性和有效性负责。

（2）监理单位主管施工现场安全工作的负责人应负责本单位施工现场安全资

料的全过程管理工作。施工过程中，施工现场安全资料的收集和整理工作应有专人负责。

（3）监理单位施工现场安全资料应随工程进度同步收集、整理，并保存到工程竣工。

（4）对工程施工现场安全资料的形成、积累和组卷进行监督、检查。

（5）对施工单位报送的施工现场安全资料进行审核，并予以签认。

（6）负责监理单位施工现场安全资料的收集、整理、保存等管理工作。

3. 施工单位管理职责

（1）负责施工单位施工现场安全资料的收集、整理、保存等管理工作。

（2）施工单位应将施工现场安全资料的形成和积累纳入工程建设管理的各个环节，逐级建立健全工程施工现场安全资料岗位责任制，对施工现场安全资料的真实性、完整性和有效性负责。

（3）总包单位督促检查各分包单位编制施工现场安全资料。分包单位负责其分包范围内施工现场安全资料的编制、收集和整理，向总包单位提供备案。

（4）施工单位施工现场安全资料应随工程进度同步收集、整理，并保存到工程竣工。

（5）主管施工现场安全工作的负责人应负责本单位施工现场安全资料的全过程管理工作。施工过程中，施工现场安全资料的收集和整理工作应有专人负责。

二、施工安全管理资料的分类

建设工程施工现场安全资料可分为安全生产保证体系文件和安全记录两大类，是建设单位、监理单位和施工单位对建设工程施工项目进行规范化、标准化、制度化管理过程中所形成的文件资料和工作记录，施工现场安全资料既是相关单位对工程项目安全管理采取的一种有效手段，又是各单位对工程项目安全管理的工作体现。

1. 安全生产保证体系文件

（1）施工现场安全生产保证计划，如项目工程安全生产保证计划等。

（2）项目工程施工组织设计，如项目工程施工现场安全施工组织设计、施工现场临时用电施工组织设计等。

（3）分部分项工程专项施工方案，如基坑支护施工方案、土方开挖施工方案、模板施工专项技术措施等。

（4）各类程序文件，如分包控制程序、文件控制程序等。

（5）各类安全管理制度，如安全教育培训制度、安全检查验收制度、安全事故管理制度等。

（6）各类安全生产作业指导书，如各施工机械或各岗位工种安全操作规程、各类应急预案等。

2. 安全记录

（1）与策划活动有关的记录，如现场危险源及不利环境因素辨识与评价记录、安全技术文件审批记录等。

（2）与实施活动有关的记录，如各类安全技术交底记录、班前讲话记录等。

（3）与检查活动有关的记录，如施工现场安全检查评分记录等。

（4）与改进活动有关的记录，如事故隐患整改记录等。

三、施工单位主要安全管理资料

1. 工程项目施工现场安全管理资料

（1）工程概况表。工程概况表是对工程基本情况的简要描述，应包括工程的基本信息、相关单位情况和主要安全管理人员情况。

（2）项目重大危险源控制措施。项目经理部应根据项目施工特点，对作业过程中可能出现的重大危险源进行识别和评价，确定重大危险源控制措施，并按要求进行记录，每张表格只能记录一种危险源。

（3）项目重大危险源识别汇总表。项目经理部应依据项目重大危险源控制措施的内容，对施工现场存在的重大危险源进行汇总，按要求逐项填写，并由项目技术负责人批准发布。

（4）危险性较大的分部分项工程专家论证表和危险性较大的分部分项工程汇总表。按照国务院建设行政主管部门或其他部门规定，必须编制专项施工方案的危险性较大的分部分项工程和其他必须经过专家论证的危险性较大的分部分项工程，项目经理部应在表中进行记录。对应当组织专家组进行论证审查的工程，项目经理部必须组织不少于5人的专家组，对安全专项施工方案进行论证审查。专家组应按照表的内容提出书面论证审查报告，并作为安全专项施工方案的附件。表经项目监理部确认、项目经理部盖章后，报项目所在地区（县）建委安全监督机构。

（5）施工现场检查表（以北京市为例）。项目经理部和项目监理部每月至少两次对施工现场安全生产状况进行联合检查，检查内容应按照北京市施工现场检查表的要求进行，对安全管理、生活区管理、现场料具管理、环境保护、脚手架、安全防护、施工用电、塔式起重机和起重吊装、机械安全、保卫消防的10项内容进行评价。对所发现的问题在表中应有记录，并履行整改复查手续。

（6）项目经理部安全生产责任制。项目经理部对各级管理人员、分包单位负责人、施工作业人员及各职能部门均应明确相应的安全生产责任，保障施工人员在作业中的安全和健康。

（7）项目经理部安全管理机构设置。项目经理部应成立由项目经理负责的安全生产领导机构，并按照有关文件要求，根据施工规模配备相应的专职安全管理人员或成立安全生产管理机构，并形成项目正式文件记录。

（8）项目经理部安全生产管理制度。项目经理部应依据现场实际情况制定各项安全管理制度，明确各项管理要求，落实各级安全责任。

（9）总分包安全管理协议书。总包单位不得将工程分包给不具备相应资质等级和没有安全生产许可证的企业，并应与分包单位签订安全生产管理协议书，明确双方的安全管理责任，分包单位的资质等级证书、安全生产许可证等相关证照的复印件应作为协议附件存档。

（10）施工组织设计、各类专项安全技术方案和冬、雨期施工方案。施工组织设计应在正式施工前编制完成，对危险性较大的分部分项工程应制订专项安全技术方案，对冬期、雨期的特殊施工季节，应编制具有针对性的施工方案，并须履行相应的审核、审批手续。

（11）安全技术交底汇总表。工程项目应将各项安全技术交底按照作业内容汇总，并按照要求填写安全技术交底汇总表，以备查验。

（12）作业人员安全教育记录表。项目经理部对新入场、转场及变换工种的施工人员必须进行安全教育，经考试合格后方准上岗作业；同时，应对施工人员每年至少进行两次安全生产培训，并对被教育人员、教育内容、教育时间等基本情况进行记录。

（13）安全资金投入记录。应在工程开工前制订安全资金投入计划，并以月度为单位对项目安全资金使用情况进行记录。

（14）施工现场安全事故登记表。凡发生安全生产事故的工程，应按要求进行记载。事故原因及责任分析应从技术和管理两方面加以分析，明确事故责任。

（15）特种作业人员登记表。电工、焊（割）工、架子工、起重机械作业（包括司机、信号指挥等）、场内机动车驾驶等特种作业人员，应按照规定经过专门的安全教育培训，并取得特种作业操作证后，方可上岗作业。特种作业人员上岗前，项目经理部应审查特种作业人员的上岗证，核对资格证原件后在复印件上盖章并由项目部存档，并将情况汇总并填入特种作业人员登记表，报项目监理部复核批准。

（16）地上、地下管线保护措施验收记录表。地上、地下管线保护措施方案应在槽、坑、沟土方开挖前编制。地上、地下管线保护措施完成后，由工程项目技术负责人组织相关人员进行验收，并填写地上、地下管线保护措施验收记录表，报项目监理部核查，项目监理部应签署书面意见。

（17）安全防护用品合格证及检测资料。项目经理部对采购和租赁的安全防护用品及涉及施工现场安全的重要物资（包括脚手架钢管、扣件、安全网、安全带、安全帽、灭火器、消火栓、消防水带、漏电保护器、空气开关、施工用电电缆、配电箱等），应认真审核生产许可证、产品合格证、检测报告等相关文件，并予以存档。

（18）生产安全事故应急预案。项目经理部应当编制生产安全事故应急预案，成立应急救援组织，配备必要的应急救援器材和物资。定期组织演练，并对全体施工人员进行培训。

（19）安全标识。对施工现场各类安全标识的采购、发放、使用情况应进行登记，绘制施工现场安全标识布置平面图，有效控制安全标识的使用。

（20）违章处理记录。对施工现场的违章作业、违章指挥及处理情况进行记录，建立违章处理记录台账。

2. 工程项目生活区资料

（1）现场、生活区卫生设施布置图。现场、生活区卫生设施布置图应明确各个区域、设施及卫生责任人。

（2）办公室、生活区、食堂等各项卫生管理制度。办公区、生活区、食堂等各类场所应制定相应的卫生管理制度。

（3）应急药品、器材的登记及使用记录。应配备必要的急救药品和器材，并对药品、器材的使用情况进行登记。

（4）项目急性职业中毒应急预案。必须编制急性中毒应急预案，发生中毒事故时，应能有效启动。

（5）食堂及炊事人员的证件。施工现场设置食堂时，必须办理卫生许可证和炊事人员的健康合格证，并将相关证件在食堂明示，复印件存档备案。

3．工程项目现场、料具资料

（1）居民来访记录。施工现场应设置居民来访接待室，对居民来访内容进行登记，并记录处理结果。

（2）各阶段现场存放材料堆放平面图及责任划分。施工现场应绘制材料堆放平面图，现场内各种材料应按照平面图统一布置，明确各责任区的划分，确定责任人。

（3）材料保存、保管制度。应根据各种材料特性建立材料保存、保管制度和措施，制定材料领取、使用的各项制度。

（4）成品保护措施。应制订施工现场各类成品、半成品的保护措施，并将措施落实到相关管理和作业人员。

（5）现场各种垃圾存放、消纳管理资料。项目经理部应对垃圾、建筑渣土运输和处理单位的相关资料进行备案。

4．工程项目环境保护资料

（1）项目环境管理方案。应根据项目施工特点，对作业过程中可能出现的环境危害因素进行识别和评价，确定环境污染控制措施，编制项目环境保护管理措施。

（2）环境保护管理机构及职责划分。应成立由项目经理负责的环境保护管理机构，制定相关责任制度，明确责任人。

（3）施工噪声监测记录。施工现场作业过程中，各类设备产生的噪声在场界边缘应符合国家有关标准，项目经理部应定期在施工场地边界对噪声进行监测，并将结果记入施工噪声监测记录表。

5．工程项目脚手架资料

（1）脚手架、卸料平台和支撑体系设计及施工方案。落地式钢管扣件式脚手架、工具式脚手架、卸料平台及支撑体系等，应在施工前编制相应专项施工方案。

（2）钢管扣件式支撑体系验收表。水平混凝土构件模板或钢结构安装使用的钢管扣件式支撑体系搭设完成后，工程项目部应依据相关规范、施工组织设计、施工方案及相关技术交底文件，由总承包单位项目技术负责人组织相关部门和搭设、使用单位进行验收，填写《钢管扣件式支撑体系验收表》，项目监理部对验收资料及实物进行检查并签署意见。

其他结构形式的支撑体系也应参照此表，根据施工方案及有关规定进行验收。

（3）落地式（或悬挑）脚手架搭设验收表。落地式（或悬挑）脚手架应根据实际情况分段、分部位，由工程项目技术负责人组织相关单位验收。6级以上大风及大雨后、停用超过一个月后均要进行相应的验收检查，相关单位应参加。每次验收项目监理部对验收资料及实物进行检查并签署意见，合格后方可使用。

（4）工具式脚手架安装验收表。外挂脚手架、吊篮脚手架、附着式升降脚手架、卸料平台等搭设完成后，应由工程项目技术负责人组织有关单位进行验收，合格后方可使用，验收时可根据进度分段、分部位进行。每次验收时，项目监理部对验收资料及实物进行检查并签署意见。

6. 工程项目安全防护资料

（1）基坑、土方及护坡方案、模板施工方案。基坑、土方、护坡和模板施工必须按有关规定，做到有方案、有审批。

（2）基坑支护验收表。基坑支护完成后，施工单位应组织相关单位按照设计文件、施工组织设计、施工专项方案及相关规范进行验收。

（3）基坑支护沉降观测记录、基坑支护水平位移观测记录表。总承包单位和专业承包单位应按有关规定对支护结构进行监测，并按要求进行记录，项目监理部对监测的程序进行审核并签署意见。如发现监测数据异常，应立即督促项目经理部采取必要的措施。

（4）人工挖孔桩防护检查表。项目经理部应每天对人工挖孔桩作业进行安全检查，项目监理部对检查表及实物进行检查并签署意见。

（5）特殊部位气体检测记录。对人工挖孔和密闭空间施工，应在每班作业前进行气体检测，确保施工人员安全，并将检测结果记录到特殊部位气体检测记录表。

7. 工程项目施工用电资料

（1）临时用电施工组织设计及变更资料。临时用电设备在 5 台及以上或设备总容量在 50kW 及以上者，均应编制临时用电施工组织设计，并按照《施工现场临时用电安全技术规范》（JGJ 46—2005）的要求进行相关审核、审批手续。

（2）施工现场临时用电验收表。施工现场临时用电工程必须由总包单位组织验收，合格后方可使用，验收时可根据施工进度分项、分回路进行，并填写施工现场临时用电验收表。项目监理部对验收资料及实物进行检查并签署意见。

（3）总、分包临时用电安全管理协议。总包单位、分包单位必须订立临时用电管理协议，明确各方相关责任，协议必须履行签字、盖章手续。

（4）电气设备测试、调试记录。电气设备的测试、检验凭单和调试记录应由设备生产者或专业维修者提供，项目经理部应将相关技术资料存档。

（5）电气线路绝缘强度测试记录。主要包括临时用电动力、照明线路及其他必须进行的绝缘电阻测试，工程项目应将测量结果按系统回路填入电气线路绝缘强度测试记录表后，报项目监理部审核。

（6）临时用电接地电阻测试记录表。主要包括临时用电系统、设备的重复接地、防雷接地、保护接地以及设计有要求的接地电阻测试，工程项目应将测量结果填入临时用电接地电阻测试记录表后，报项目监理部审核。

（7）电工巡检维修记录。施工现场电工应按有关要求进行巡检维修，并由值班电工每日填写，每月送交项目安全管理部门存档。

8. 工程项目塔式起重机、起重吊装资料

（1）塔式起重机租赁、使用、拆装的管理资料。对施工现场租赁的塔式起重机，出租和承租双方应签订租赁合同并签订安全管理协议书，明确双方责任和义务。委托安装单位拆装塔式起重机时，还应签订拆装合同。塔式起重机的拆装单位资质、相关人员的资格证等材料及设备统一编号、检测报告等，应一并存档。

（2）塔式起重机拆装统一检查验收表格。塔式起重机安装过程中，安装单位或施工单位应根据施工进度分别认真填写有关内容。塔式起重机安装完毕后，应当由施工总承包单位、分包单位、出租单位和安装单位，共同进行验收。塔式起重机每次顶升、锚固时，均应填写记录。

塔式起重机安装验收完毕、使用前，还应经有相应资质的检验检测机构检测。检测合格后，总承包单位应按照要求报项目监理部。塔式起重机拆卸时，拆装单位应填写记录。

（3）起重机械拆装方案及群塔作业方案、起重吊装作业的专项施工方案。塔式起重机安装与拆除、起重吊装作业等必须编制专项施工方案，涉及群塔（2台及以上）作业时，必须制订相应的方案和措施。群塔作业时，总承包单位应根据方案要求合理布置塔式起重机的位置，确保各相邻塔式起重机之间的安全距离，并绘制平面布置图。

（4）对塔机组和信号工安全技术交底。塔式起重机使用前，总承包单位与机械出租单位应共同对塔机组人员和信号工进行联合安全技术交底，就塔式起重机性能、安全使用及施工现场注意事项等内容，对相关人员做出安全技术交底并做好记录。

（5）施工起重机械运行记录。塔式起重机、施工电梯、移动式起重机及物料提升机等起重机械操作人员，应在每班作业后填写施工起重机械运行记录，运行中如发现设备有异常情况，应立即停机检查报修，排除故障后方可继续运行，同时将情况填入记录本。起重机械运行记录每本填写完成后，送交设备产权单位存档。

9. 工程项目机械安全资料

（1）机械租赁合同、出租、承租双方安全管理协议书。对施工现场租赁的机械设备，出租和承租双方应签订租赁合同及安全管理协议书，明确双方责任和义务。

（2）物料提升机、施工升降机、电动吊篮拆装方案。施工现场物料提升机、施工升降机、电动吊篮安装前，应编制设备的安装、拆除方案，经审核、审批后，方可进行安装与拆卸工作。

（3）施工升降机拆装统一检查验收表格。施工升降机安装过程中，安装单位或施工单位应根据施工进度分别填写有关内容。施工升降机安装完毕后，应当由施工总承包单位、分包单位、出租单位和安装单位共同进行验收，验收合格后方可使用。施工升降机每次接高时，均应填写记录。施工升降机拆卸时，拆装单位应填写记录。

（4）施工机械检查验收表（电动吊篮）。电动吊篮安装完成后，应由项目经理部组织分包单位、安装单位、出租单位相关人员对设备进行安装验收，并填写记录表。

（5）施工机械检查验收表。施工现场各类机械进场安装或组装完毕后，项目经理部应按照要求组织相关单位进行验收，并将相关资料报送项目监理部。

（6）机械设备检查维修保养记录。项目经理部应建立机械设备的检查、维修和保养制度，编制设备保修计划。对设备的检查维修保养情况，应有文字记录。

10. 工程项目保卫消防资料

（1）施工现场消防重点部位登记表。项目经理部应根据防火制度要求，对施工现场消防重点部位进行登记。

（2）保卫消防设备平面图。保卫消防设施、器材平面图应明确现场各类消防设施、器材的布置位置和数量。

（3）现场保卫消防制度、方案、预案。项目经理部应制定施工现场的保卫消防制度、现场保卫消防管理方案、重大事件、重大节日管理方案、现场火灾应急救援预案等相关技术文件，并将文件对相关人员进行交底。

（4）现场保卫消防协议。建设单位与总包单位、总包单位与分包单位必须签订现场保卫消防协议，明确各方相关责任，协议必须履行签字、盖章手续。

（5）现场保卫消防组织机构及活动记录。施工现场应设立保卫消防组织机构，成立义务消防队。定期组织教育培训和消防演练，各项活动应有文字和图片记录。

（6）施工项目消防审批手续。项目经理部应将消防安全许可证存档，以备查验。

（7）施工用保温材料产品检测及验收资料。施工现场使用的施工用保温材料、密目式安全网、水平安全网等材料应为阻燃产品，进场应有相关验收手续，其产品资料、检测报告等技术文件项目经理部应予存档保管。

（8）消防设施、器材验收、维修记录。施工现场各类消防设施、器材的生产单位应具有公安部门颁发的生产许可证，各类设施、器材的相关技术资料项目经理部应进行存档。项目经理部应定期对消防设施、器材检查，按使用年限及时更换、补充、维修，验收、维修等工作应有文字记录。

（9）防水施工现场安全措施及交底。施工现场防水作业施工时，应制定相关的防中毒、防火灾的安全防范技术措施，并对所有参与防水作业的施工人员进行书面交底，所有被交底人必须履行签字手续。

（10）警卫人员值班、巡查工作记录。施工现场警卫人员应在每班作业后，填写警卫人员值班、巡查工作记录，对当班期间主要事项进行登记。

（11）用火作业审批表。作业人员每次用火作业前，必须到项目经理部办理用火申请，并按要求填写用火作业审批表，经项目经理部主管部门审批同意后，方可用火作业。

11. 其他资料

（1）安全技术交底表。分部分项工程施工前及有特殊风险的作业前，应对施工作业人员进行书面安全技术交底，其内容应按照施工方案的要求，讲明操作者的安全注意事项，保证操作者的人身安全并按分部分项工程和针对作业条件的变化具体进行说明。项目经理部应将安全技术交底按照交底内容分类存档。

（2）应知应会考核表登记及试卷。施工现场各类管理人员、作业人员必须对其所从事工作安全生产知识进行必要的培训教育，考核合格后方可上岗，项目经理部应将考核情况造表登记，并按照考核内容分类存档。

（3）施工现场安全日志。施工现场安全日志应由专职安全管理人员按照日常检查情况逐日记载，单独组卷，其内容应包括每日检查内容和安全隐患的处理情况。

（4）班组班前讲话记录。各作业班组长于每班工作开始前必须对本班组全体人员进行班前安全活动交底，其内容应包括本班组安全生产须知和个人应承担的责任、本班组作业中的危险点和采取的措施。

（5）工程项目安全检查隐患整改记录。工程项目安全检查人员在检查过程中，针对存在的安全隐患应填写工程项目安全检查隐患整改记录。其中，应包括检查情况及安全隐患、整改要求、整改后复查情况等内容，并履行签字手续。

四、施工安全管理资料组卷与归档

1. 安全管理资料组卷要求

（1）施工现场安全资料的收集、整理应随工程进度同步进行，应真实反映工程的实际情况。

（2）施工现场安全资料应保证字迹清晰，不乱涂乱改、不缺页或无破损。签字、盖章手续齐全。计算机形成的工程资料应采用内容打印、手写签名的方式。

（3）施工现场安全资料组卷时应使用原件，因各种原因不能使用原件的，应在复印件上加盖原件存放单位公章、注明原件存放处，并有经办人签字及时间。

（4）资料表格中各类名称、单位等应采用全称，不宜使用简称，资料表格应填写完整。

（5）施工现场安全资料应采用活页的形式，组卷时可以根据实际情况分册装订。

2. 安全管理资料组卷原则

（1）施工现场安全资料必须按相关标准规范的具体要求进行组卷。

（2）卷内资料排列顺序依次为封面、目录、资料部分和封底。也可根据卷内资料构成具体确定。组成的案卷应美观、整齐。

（3）案卷页号的编写应以独立卷为单位，在案卷内资料材料排列顺序确定后，对有书写内容的页面进行页号编写。每卷应从阿拉伯数字"1"开始，用打号机或钢笔依次逐页连续标注页号。

（4）可根据卷内资料分类进行分册，但是各分册资料材料的顺序编号应在本卷内连续编排。

（5）案卷封面要包括卷名、案卷题名、编制单位、安全主管、编制日期、第×册共×册等。

（6）卷内资料、封面、目录、备考表等，应统一采用 A4 幅尺寸（297mm×210mm），大于 A4 幅面的资料应折叠（297mm×210mm），小于 A4 幅面的资料应用 A4 白纸衬托。

参 考 文 献

[1] 中华人民共和国住房和城乡建设部. 建筑与市政工程施工现场专业人员职业标准（JGJ/T 250—2011）[S]. 北京：中国建筑工业出版社，2011.

[2] 本书编委会. 建筑施工手册 [M].5 版. 北京：中国建筑工业出版社，2012.

[3] 江苏省建设教育协会. 安全员专业管理实务 [M]. 北京：中国建筑工业出版社，2014.

[4] 中华人民共和国住房和城乡建设部. 混凝土结构工程施工规范（GB 50666—2011）[S]. 北京：中国建筑工业出版社，2011.

[5] 本书编委会. 现行建筑施工规范大全. 第 5 册. 质量验收·安全卫生 [M]. 北京：中国建筑工业出版社，2014.